高职高专艺术设计类专业规划教材

室内设计手绘效果图表现

张春娥　王琳琳　主编　　赵晶莎　副主编

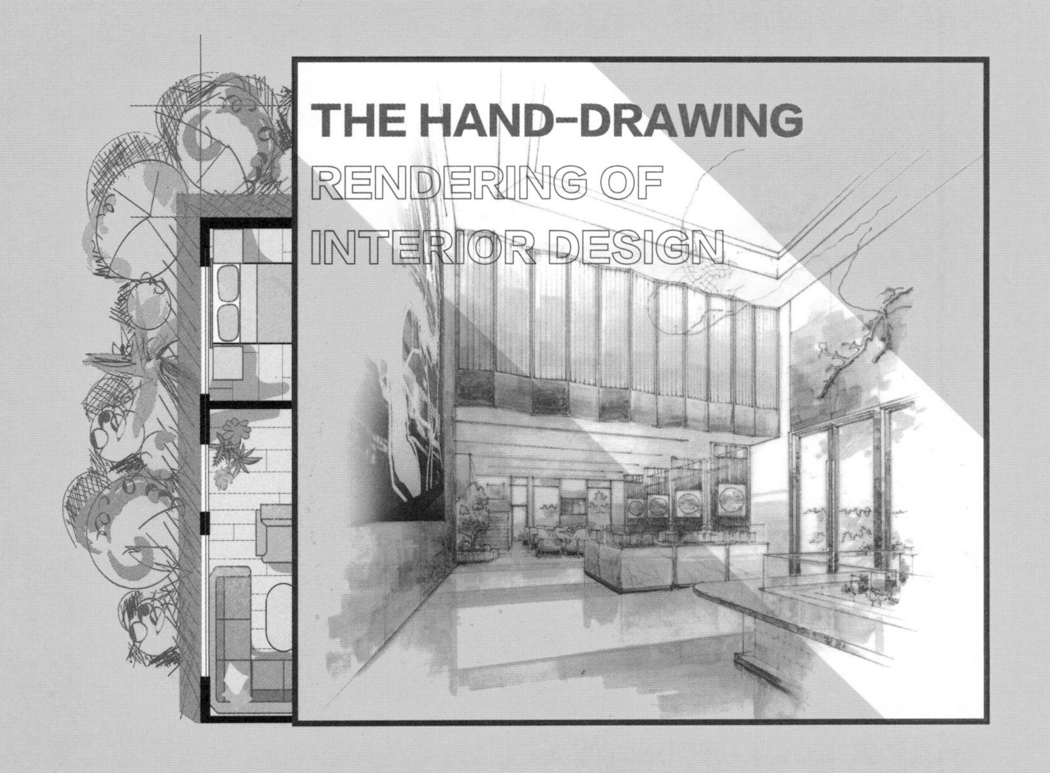

化学工业出版社
·北京·

内容简介

本书主要包括四个单元内容。第一单元为手绘基础与线稿表现，主要讲解手绘概述、透视基础、陈设线稿表现几个方面内容，加强手绘认识，进行手绘线稿的基础练习。第二单元为马克笔手绘快速表现基础，掌握马克笔笔触与技法，并进行陈设色彩表现训练，打下用笔用色基础。第三单元为室内居住空间手绘表现，学习不同功能家居空间表现要点，掌握项目方案设计的手绘表现流程。第四单元为室内公共空间手绘表现，结合项目进行实践技能训练，完成办公空间、餐饮空间、展示空间等的学习内容。

本书主要适用于高职高专院校室内设计、建筑设计、环境艺术设计等专业师生教学使用，也可供室内设计的爱好者学习使用。

图书在版编目（CIP）数据

室内设计手绘效果图表现/张春娥，王琳琳主编. —北京：化学工业出版社，2021.3（2025.1重印）

ISBN 978-7-122-38339-6

Ⅰ.①室… Ⅱ.①张…②王… Ⅲ.①室内装饰设计-绘画技法 Ⅳ.①TU204

中国版本图书馆CIP数据核字（2021）第017504号

责任编辑：李彦玲　　装帧设计：王晓宇
责任校对：王　静

出版发行：化学工业出版社（北京市东城区青年湖南街13号　邮政编码100011）
印　　装：北京宝隆世纪印刷有限公司
787mm×1092mm　1/16　印张7　字数161千字　　2025年1月北京第1版第4次印刷

购书咨询：010-64518888　　售后服务：010-64518899
网　　址：http://www.cip.com.cn
凡购买本书，如有缺损质量问题，本社销售中心负责调换。

定　　价：49.80元

前言

室内设计手绘效果图表现是室内设计、建筑设计、环境艺术设计等专业非常重要的专业课程，本课程体现的是造型能力训练与设计思想的结合。根据高职高专艺术设计专业人才培养需求，结合课程标准和国家人才培养的大方向我们编写了此书。本书针对技术型、应用型人才的培养方案，由浅入深，循序渐进，较全面地介绍了手绘效果图表现内容及训练方法，使本书适用于高职院校艺术设计专业“室内设计手绘效果图表现”课程教学。

本书突出实践导向，强调动手实践能力培养，采用能力模块式教学，明确学习任务点，以实践教学为导向，注重实践能力的培养。具体内容分为手绘基础与线稿表现、马克笔手绘快速表现基础、室内居住空间手绘表现、室内公共空间手绘表现几个单元，每个单元下有具体的任务点，用大量图例结合理论的方式让教材更加生动形象。

作为设计专业课程，将手绘效果图教学与专业设计相融合。教材的编写一方面要培养学生手绘表现能力，另一方面将手绘表达与设计创作紧密结合，与设计公司人才能力需求相结合，促进教学过程中深化产教融合。

在本书的编写中也结合专业课课程，主张艺德为光，整个教学过程应加强专研、严谨、细致的科学观训练，融入工匠精神，让立德树人“润物无声”。

教材注重立体化资源的配备，在相关知识点加入微课或视频等资源，注重信息化技术与教材开发的融合，支撑混合教学模式。

本书由张春娥、王琳琳任主编，赵晶莎任副主编，温宏岩、周小童、施平参编。具体编写分工如下：第一单元由张春娥编写；第二单元三个任务分别由赵晶莎、周小童、张春娥编写；第三单元任务二由温宏岩编写，任务一、三、四、五由张春娥编写，任务六由赵晶莎编写；第四单元由王琳琳编写，施平负责部分图片的绘制。此外，感谢赵国斌、杨海老师，感谢林锦聪、杨浩、吴力、钟秀敏等朋友，为本书提供优秀手绘作品以及创新性、主题性强的设计项目手绘案例。

由于编者水平和时间有限，本书难免有疏漏之处，恳请各位专家和同仁批评指正。

编者

2020年10月

目录

第一单元 手绘基础与线稿表现

第二单元 马克笔手绘快速表现基础

第三单元
室内居住空间手绘表现

THE HAND-DRAWING RENDERING OF INTERIOR DESIGN

室内设计手绘效果图表现

第一单元 手绘基础与线稿表现

教学目的

通过本单元的学习，使学生能够了解手绘效果图学习的意义，掌握手绘线稿表现中的透视知识以及徒手线稿表现要领。通过家居产品徒手表现练习，提升手绘效果图线条的表现力。

重点

线稿的空间透视关系

难点

线的生动性

任务一　手绘概述

任务描述：本节为理论教学，重点了解手绘的表现意义与应用。

一、手绘效果图的概念与意义

1. 基本概念与分类

室内设计手绘效果图，是指设计师运用一定的绘画工具，以手绘图的方式来表达设计构思的一种手段，是绘画艺术与设计理念的结合。目前手绘效果图已成为一种流行的趋势，在设计师的构思草图和工程设计投标中常常看到它的存在。

室内设计手绘效果图主要分为方案草图和手绘表现效果图。方案草图主要是前期构思设计方案的研究型手绘，表达设计者的设计思想、理念，可着色也可不着色，是设计的初期创意图（图1-1）。手绘表现效果图是设计成果部分的表现型手绘，说明性、展示性较强，是与甲方沟通的重要手段。

手绘效果图还可以根据表现手法和使用工具不同去分类，可分为：水彩表现、水粉表现、喷绘表现、彩色铅笔表现、马克笔表现、综合效果表现等（图1-2）。本书中我们主要学习马克笔表现效果图。

2. 手绘效果图表现的意义

室内设计手绘效果图表现是室内设计专业、环境艺术设计专业一门必修的专业核心课。这门课对学生掌握基本的设计表现技法，理解、提高、深化设计能力有重要作用。手绘具有快速、直接的特点，传达设计者的设计思想或设计理念。手绘表达需要眼、脑、手的高度配合，是设计师必须具备的能力，同时手绘效果图也是设计者表达其设计意图最直接的手段和形式（图1-3）。手绘效果图的作用如下。

图 1-1　草图表现 / 赵国斌

图 1-2　马克笔与彩铅结合 / 赵国斌

图 1-3　手绘效果图 / 杜健

① 传达设计的宗旨，设计方案意境的构思与表达。可以很直观地表现设计内容，室内设计表现图的最终目的是体现设计者的设计意图，并使对方能够认可你的设计。

② 室内设计表现图在设计投标、设计定案中起很重要的作用，借助效果图向建筑单位、业主、用户直接推荐和介绍设计意图，参与工程招标、设计竞赛等活动，具有较强的成果展示作用。手绘表现效果图也用于设计展示。往往一张室内效果图的好坏直接影响该设计的审定。

③ 手绘效果图也是设计师与客户沟通的桥梁。通过手绘快速表现，进行设计交流表达。如方案的现场沟通、调整，手绘更直观更快捷。设计师可以根据客户的需求，当场运用手绘草图直接与客户交流。

④ 我们还可以利用方案草图的设计绘制抓住灵感。巴尔扎克说过，“灵感是天才的女神，她溜得快……”。因此，灵感到来时用草图迅速地记录，抓住她；也可以在方案草图的勾画中，再次寻找灵感。方案草图的设计绘制也是设计师将自己的设计思维由模糊向清晰实现转化的过程（图1-4）。

图 1-4　光明教堂设计草图 / 安藤忠雄

二、手绘效果图学习目标与方法

1. 手绘学习目标

学手绘效果图的学习目标是让学生能够掌握手绘效果图中的透视、色彩等技法，独立完成设计方案手绘效果图表现；也能够利用手绘进行设计方案草图的表现，为后续每一段设计课程的前期构思表达打下基础。

2. 手绘学习内容与方法

我们首先进行基础理论学习和手绘表现训练，最终结合实践案例项目进行设计表现内容的学习。

陈设部分表现训练是在临摹的基础上选取资料进行实物表现练习。利用杂志、网络、考察等方式收集资料，进行沙发、桌椅、字画、工艺品、灯饰、绿植的表现训练。手绘练习遵循从单体到陈设组合，再到整个室内空间的循序过程；遵循由临摹到最终结合实践案例创作的过程。在实践项目表现中，依据效果图绘制的工作流程设计教学过程，完成项目的分析、平面图的设计构思、透视手绘效果图表现等（图1-5）。

学习方法上首先要建立正确的学习态度，一分耕耘，一分收获。坚持长期不懈的实践练习，掌握手绘效果图的表现技法。其次，注重临摹优秀作品，从优秀作品学习中掌握技法。再次，兼顾手绘效果图的艺术性与科学性，手绘既要能充分反映出家装设计方案在施工技术和材料工艺上的真实性和科学性，又要反映出家装设计方案的艺术特性。因此在学习中要有严谨的学习态度，如处理好空间尺度等问题，使画面保持严谨和真实性；也要注重画面美感，使其具有较强的观赏性和艺术性。对于快速手绘表达，结合其作用功能，在做画时力求达到快速、简便、有效的表现目的。

图 1-5　手绘效果图 / 陈红卫

思考题

手绘效果图快速表现的优势有哪些？

任务二　透视基础

任务描述：透视是手绘效果图表现的重要基础。本节为透视的基本原理与应用讲授，重点掌握一点透视、两点透视和一点斜透视的特征与实践应用。

一、透视原理

透视对于手绘效果图表现非常重要。透视是利用人的视觉规律，在二维平面上表现三维立体空间的一种绘图方法。透视图是进行室内手绘表现的基础，是室内手绘表现必须掌握的内容。透视的整体特点是“近大远小、近实远虚”。手绘效果图线稿部分主要就是运用近大远小这一要素。学会透视知识，将透视原理用到手绘效果图表现之中，表现场景的真实，既是学习透视的目的，也是该课程的要求（图1-6）。

常用透视术语有（图1-7）：

视点：观察者眼睛所在的位置，以点来表示，称为视点。

心点：中视线与画面相交的点称为心点，此点在视平线上。

视平线：通过心点做水平线，此水平线在视平面与画面交界处，与画者眼睛等高，称为视平线。

中视线：视点与心点相连所得的引向正前方的视线为中视线。中视线垂直于画面，与视平线成直角。

图1-6　一点透视空间线稿

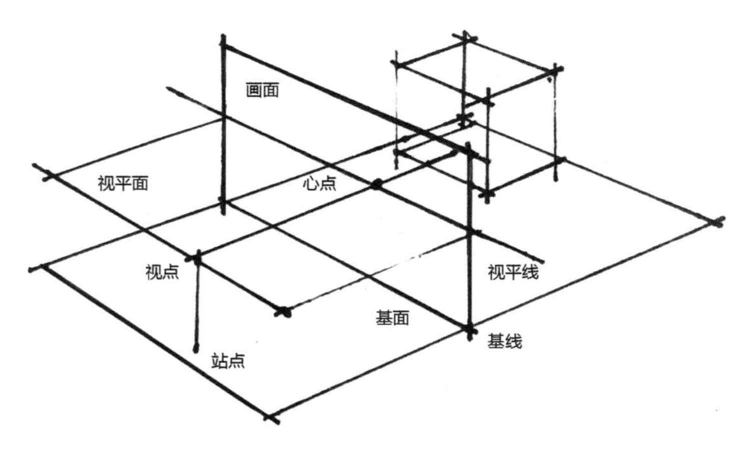

图 1-7　透视图例

视平面：过视点（目点）和视平线，所做的平面称为视平面。

灭点：在空间中原本平行的直线在画面上产生透视变化，这些直线汇集在视平线上的交叉点叫作灭点，也叫消失点。

基线：画面最下的边缘和水平面相交的直线称为基线。

基面：放置被画物的平面。

二、常用的透视类型

在室内设计表现中常常用到的透视有一点透视和两点透视，另外也有介于两者之间的一点斜透视。

1. 一点透视

一点透视也叫平行透视。空间中的六个面，前后两个面与画面平行，其余上下左右四个面产生近大远小的透视变化，其他面的线垂直于画面，倾斜消失在一个点上。一点透视的特点是纵深感强，适合表现大场面的纵深感和对称的透视空间（图1-8 ~ 图1-10）。

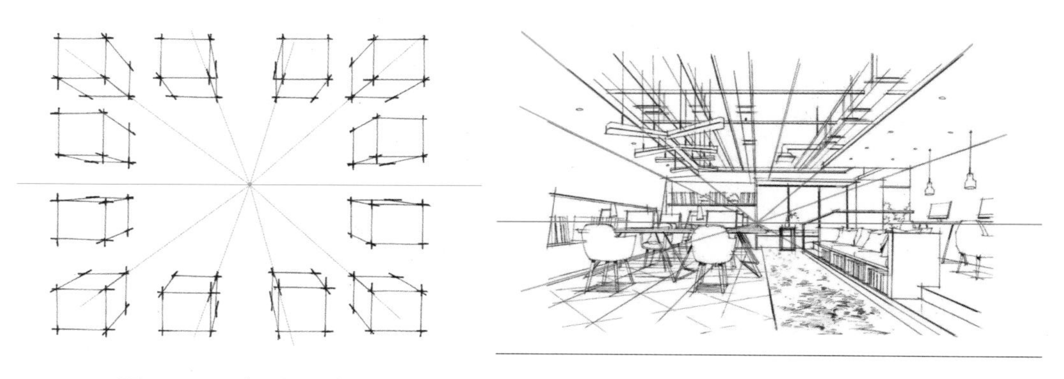

图 1-8　一点透视示意图

图 1-9　一点透视空间线稿表现

图 1-10　一点透视空间表现 / 赵晶莎

（1）一点透视空间线稿绘制

① 根据平面图和实际比例尺寸画出视平面ABCD。确定视平线的高度，确定消失点，连接消失点和ABCD四个点得出空间的透视线（图1-11）。

② 延长基线，在基线上画出实际进深尺寸1、2、3……在视平线上确定测点M，由测点向基线CD的延长线上的实际进深尺寸连线，它的延长线交到直线VC上，得出产生透视后的空间进深的尺寸，并以此尺寸点为端点画水平线交于VD（图1-12）。

③ 由V向CD线上标出的比例尺寸点连线，画出地面的铺装，得到的方格是1m × 1m的尺寸（图1-13）。然后根据平面布局画出家具的地面投影（图1-14）。

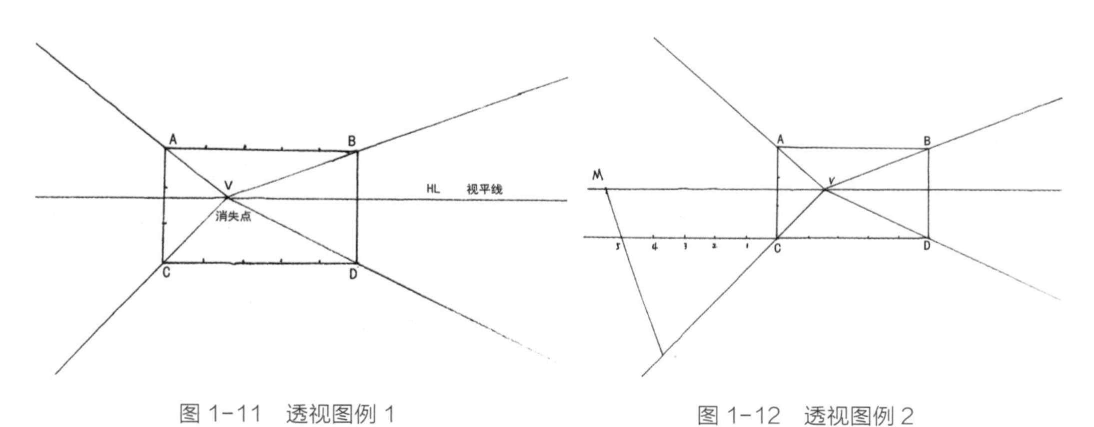

图 1-11　透视图例 1

图 1-12　透视图例 2

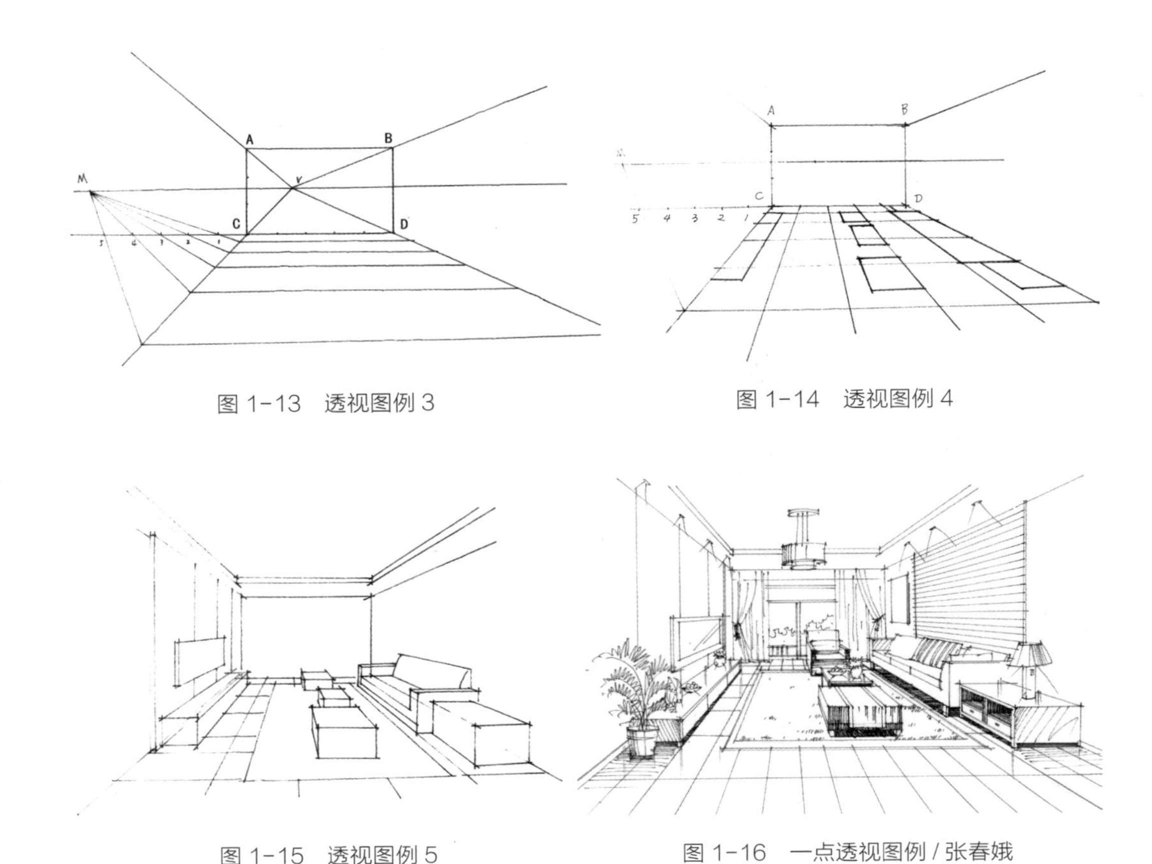

图 1-13　透视图例 3

图 1-14　透视图例 4

图 1-15　透视图例 5

图 1-16　一点透视图例 / 张春娥

④ 将家具立体化（图 1-15）。

⑤ 完成家具等物体的深入表现，然后整理完成（图 1-16）。

一点透视是最常用的透视，它的原理和步骤相对于其他透视容易得多。我们在手绘表现的时候不一定按照步骤图那样绘制，只要做到形体比例透视尺寸基本准确就可以了。

（2）一点透视空间线稿与效果图范例（图 1-17 ～图 1-19）

图 1-17　一点透视图例 / 张春娥

图 1-18　一点透视图例 / 学生作品

图 1-19　卧室 / 杨海

2. 两点透视

两点透视也叫成角透视，物体只有垂直线平行于画面，水平线倾斜，视平线上有两个消失点（灭点）。两点透视的画面灵活并富于变化，视觉感强，适合表现丰富复杂的场景。有两个消失点，画面水平线向两边消失点消失，垂直线与画面垂直。两点透视的角度掌握不好，会有一定的变形。无论绘画还是设计制图手绘表现，透视知识都是基础。在绘制时应注意，两个消失点定得不要太近。视平线一般定在整幅画面靠下的三分之一左右或中间以下位置（图 1-20 ~ 图 1-22）。

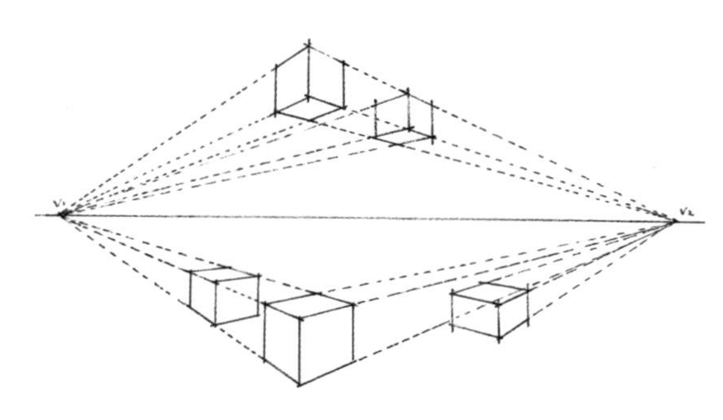

图 1-20　两点透视图例 1

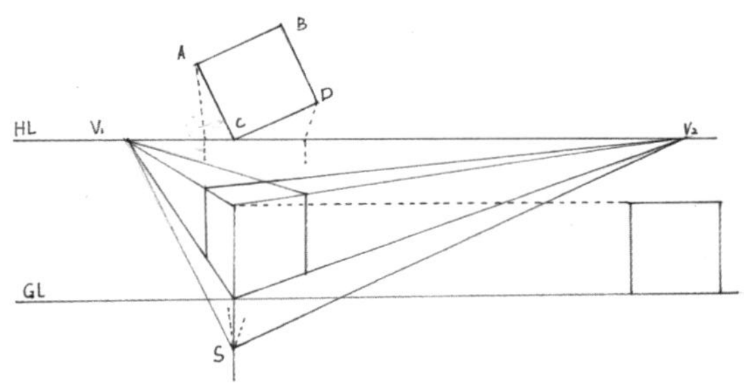

图 1-21　两点透视图例 2

图 1-22　两点透视图例 3/ 赵国斌

（1）两点透视画法

① 先绘制一条垂直线AB，房高3m。在大约1.5m的位置绘制一条水平线，作为视平线。视平线上绘制两个消失点V_1、V_2。垂直线AB两个端点分别连接两个消失点，并反向延长，绘制出房间结构（图1-23）。

② 在视平线上确定测点M_1、M_2，并绘制地平线，将地平线等分，用两个测点连接地平线上的等分点找到视平线上的透视点（图1-24）。

③ 在上一步的基础上，把沙发、茶几的位置确定出来，明确位置关系，即根据平面布局画出家具的地面投影（图1-25）。

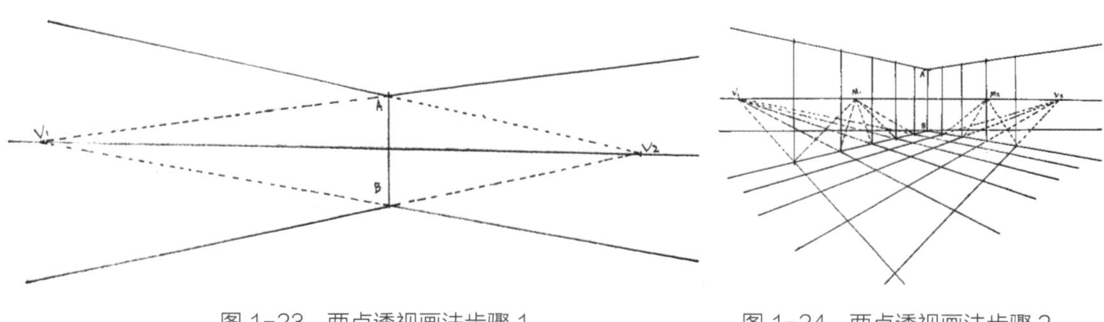

图 1-23　两点透视画法步骤 1

图 1-24　两点透视画法步骤 2

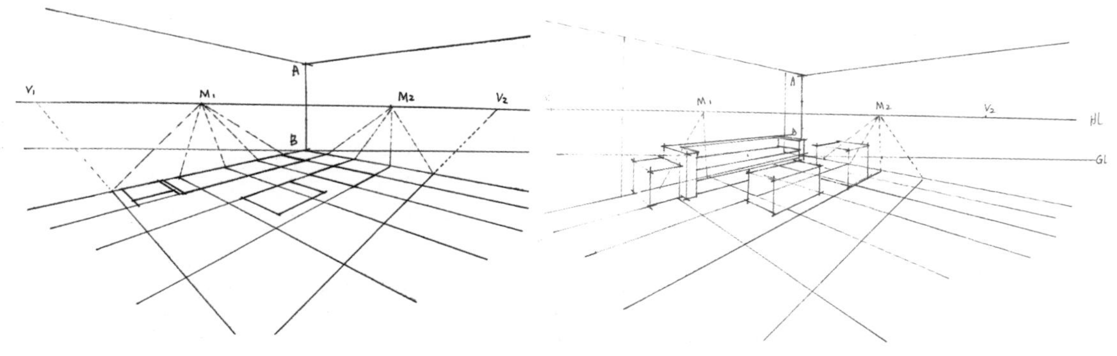

图 1-25　两点透视画法步骤 3

图 1-26　两点透视画法步骤 4

④ 明确体块的高度、尺寸，将家具立体化，适当加入背景（图 1-26）。

⑤ 深入画出物体的结构、装饰特征、投影灯关系，完成家具等陈设物品的深入表现，调整，完成（图 1-27）。

（2）两点透视线稿与效果图范例（如图 1-28 ~ 图 1-30）

图 1-27　两点透视画法步骤 5/ 张春娥

图 1-28　两点透视的空间线稿 1/ 张春娥

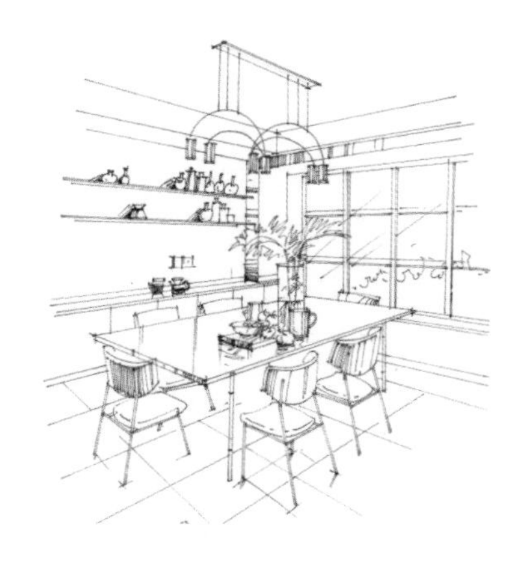

图 1-29　两点透视的空间线稿 2/ 张春娥

图 1-30　效果图 / 赵国斌

图 1-31　一点斜透视效果图 / 杨海

3. 一点斜透视绘制

一点斜透视取一点透视和两点透视之长，纵深感强，又能直观地反映空间效果，画面生动活泼，是较常用的透视（图1-31）。它和两点透视一样有两个灭点，但不同的是，一点斜透视的其中一个灭点被定位在画面基准面以内，另一个灭点则在画面较远位置，甚至超出了画面。所有垂直线与画面垂直，接近水平的线向侧点消失，纵深线向画内较中心的点消失。画面形式相比平行透视更活泼、更具表现力，但是角度掌握不好，会有一定的变形。需要注意的是，一点斜透视在室内效果图表现中，视平线位置定得不宜过高，画面内的消失点不要在中心位置，否则会产生错误的效果。

一点斜透视的画法步骤如下。

① 参照一点透视画出内框（图1-32）。

② 产生空间进深点（图1-33）。

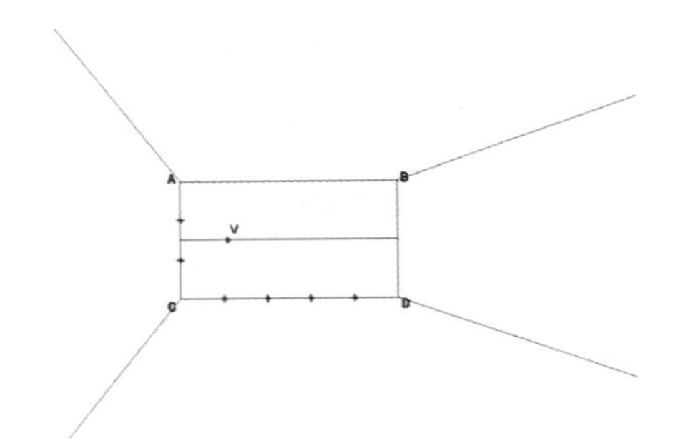

图 1-32　一点斜透视线稿步骤 1

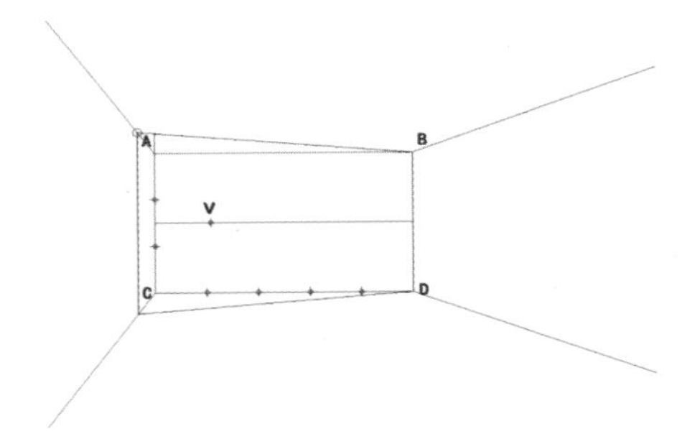

图 1-33　一点斜透视线稿步骤 2

③ 根据进深点和高度确定陈设的空间投影位置，定好陈设的垂线（图1-34、图1-35）。

④ 完成透视线稿（图1-36）。

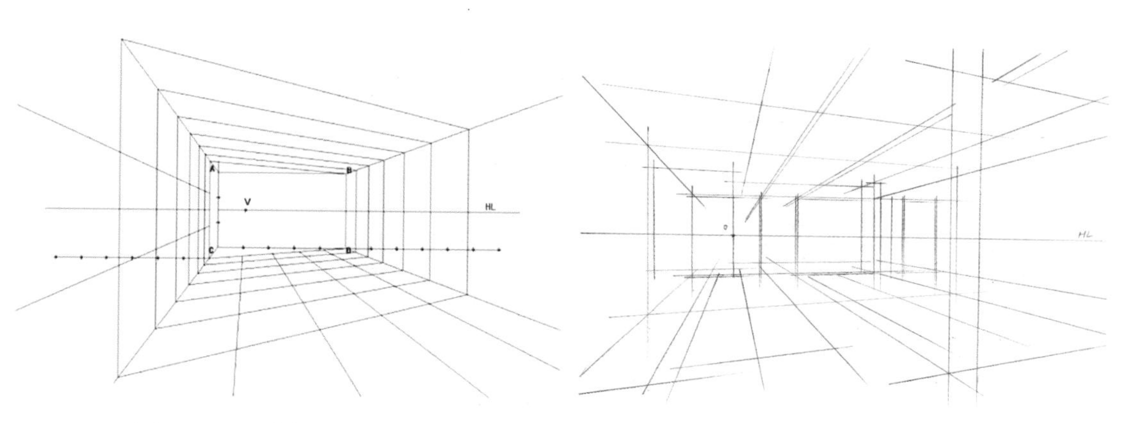

图 1-34　一点斜透视线稿步骤 3

图 1-35　一点斜透视线稿步骤 4

图 1-36　完成图

图 1-37　效果图 / 赵晶莎

透视关系是线稿阶段表现的重点，线稿完成之后，就可以进行室内空间的着色表现了（图 1-37）。

透视表现有严格的科学性及灵活性，只有在充分领会透视的基础上，才能真正达到掌握透视的目的。在学习空间透视的过程中，要经常做一些空间透视表现练习，培养对空间的构架能力和对场景的组合能力。

课后实践

课题训练内容：进行一点透视练习，完成地面铺装透视徒手画法一张。

试画出一幅左墙宽度、右墙宽度、墙面高度分别为3m、4m、2.5m的室内空间两点透视图，并画出0.5m×0.5m的方格地板。

表现要求：透视关系准确。

任务三　陈设线稿表现

任务描述：室内陈设品包括家具、灯饰、绿植、织物以及装饰物品等。陈设品的绘制直接影响空间的表达，手绘效果图的徒手表现练习也往往从这些物体的单体线条表现开始。在这个任务中主要通过大量的陈设单体与组合物体的徒手练习，提高线的表现力。

一、线与几何体的练习

1.线的表现要领

线条是有生命力的，它是手绘表现的根本。线条的练习主要包括直线、曲线和不规则线的练习。

在绘制直线时，首先注意起笔收笔，下笔要肯定，运笔要匀速，线条要连贯，切忌犹豫和停顿。其二注意线条交叉点的画法，线与线之间应该相交，并且延长，这样交点处就有厚重感。其三要注意线条断了之后的衔接延续，出现断线，切忌来回重复表达线条或在原基础上重复起步，要间隔一定距离后继续表达（图1-38）。

不同支点的运动，画出的线各有差别，只有手指动，线条长度有限，手腕动，长线会出现弧度，画长而直的线需要肩与肘的运动（图1-39）。

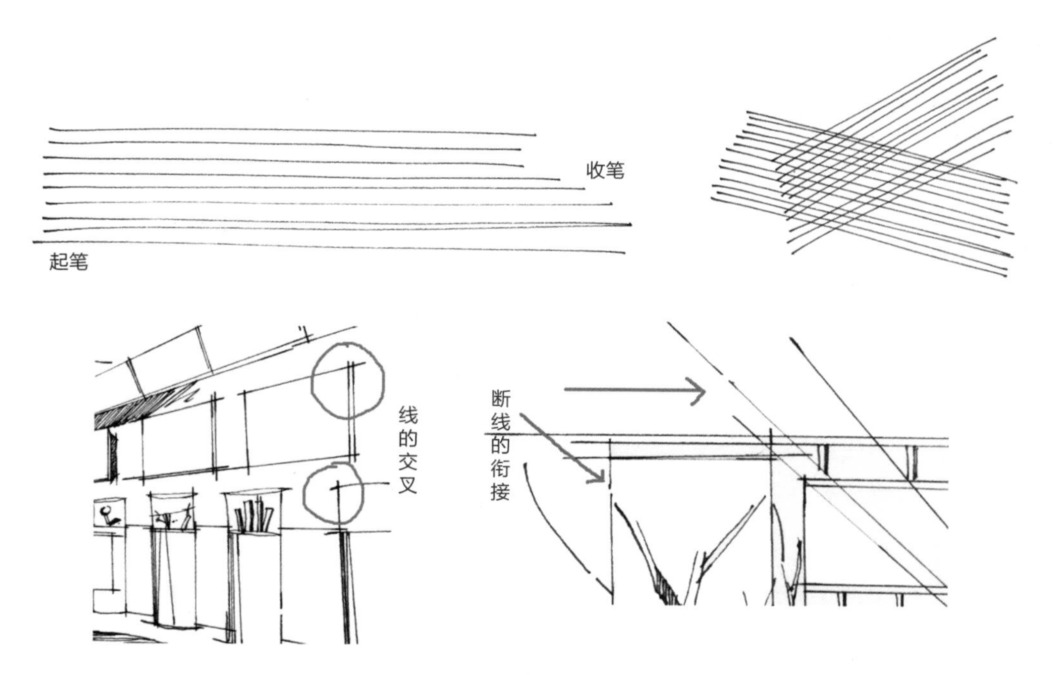

图1-38　直线的画法

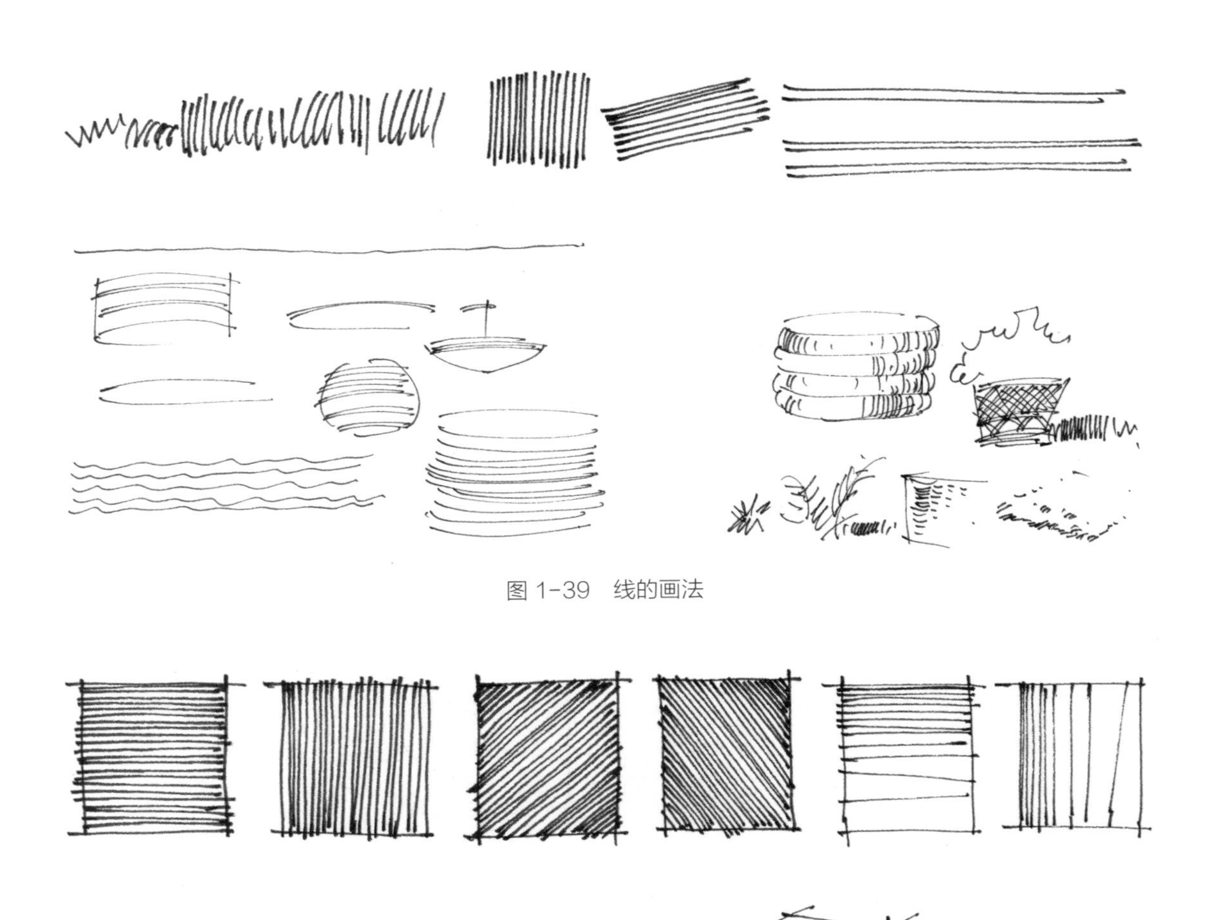

图 1-39　线的画法

图 1-40　线的明暗

弧线也是手绘中常见的线型，在表现弧线时要注意表现出线的张力与优美。

不同的线具有不同的特质。画各种物体应该先了解它的特性，是坚硬还是柔软，再选择用何种线条去表达。如坚硬物体的表现宜用直而挺拔的线条，表现毛织物等宜用弯曲断续的线条等。学习初期可做横线、竖线、斜线、曲线的明暗变化练习（图1-40）。

2. 几何体与透视练习

掌握了透视原理之后，可以用横线、竖线、斜线来表现几何体。沙发、床、柜子等都是由几何体演变而来，因此几何体的练习是为后面陈设表现打下基础（图1-41）。

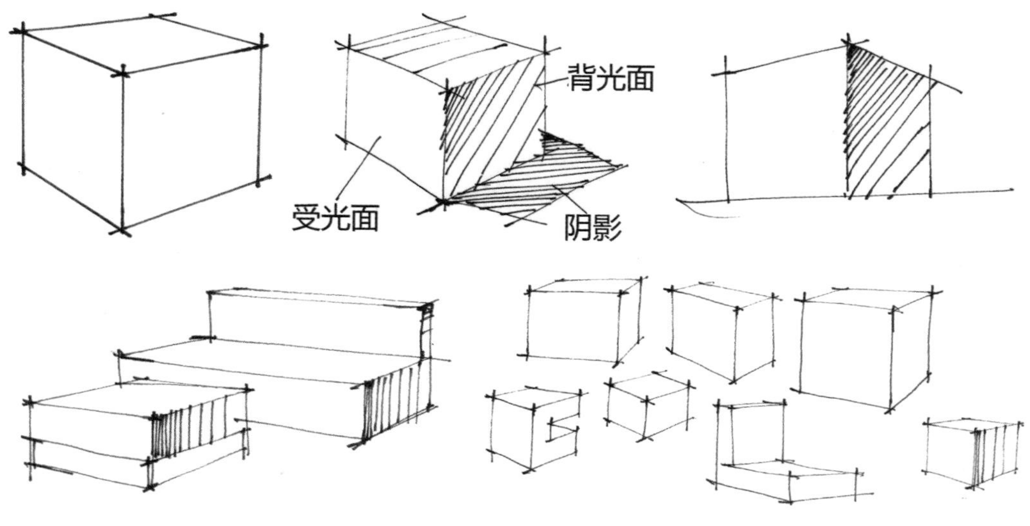

图 1-41　几何体练习

二、室内陈设单体线稿表现

室内陈设主要以家具和家居饰品为主。陈设品的线稿练习可以采用徒手绘制。在陈设品的线稿表现中要注意以下几点：对物体大的体块关系和结构的理解；物体的透视与比例关系；阴影表现；线条与细节的生动刻画；表现步骤。下面就这几方面做详细讲解。

1. 几何体与家具单体

生活中的物体千姿百态，但归根结底都是方形和圆形两种基本几何形体组成。如室内陈设品中的沙发、柜子、茶几、床等都是由长方体演变而来的。立方体、长方体是一切复杂形体组合的基础。我们可以利用透视原理用线条画出立方体、长方体，并通过对几何体的线的加、减来完成室内单体家具的练习。

（1）沙发的表现

在绘制沙发时，把沙发理解成一个长方体，定出沙发的宽度、深度和高度。确定大的体块关系之后，绘制沙发结构。最后对沙发进行细节表现，将扶手、靠垫及地面投影绘制完成。沙发的表现过程是由几何体的概括到细节的刻画，由整体到局部，再回到整体的过程（图 1-42）。家具的表现过程比较灵活，但在其表现过程中对物体的体块和结构的理解依旧是重点。

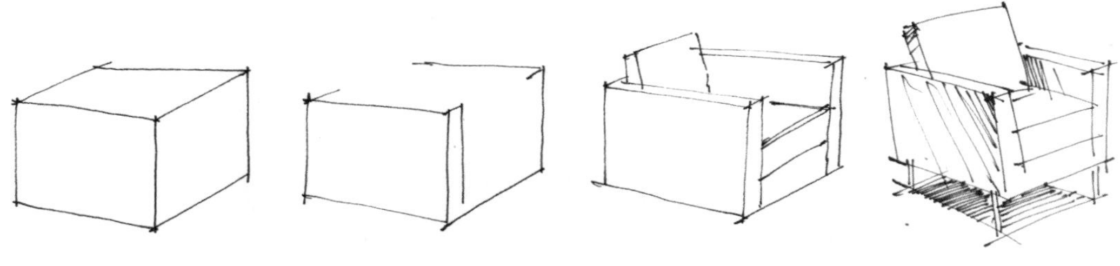
图 1-42　沙发与几何体

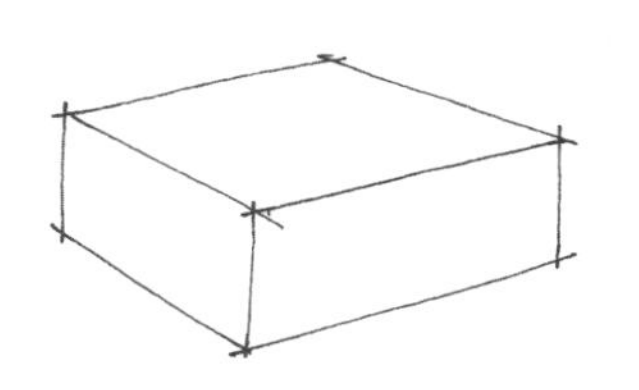

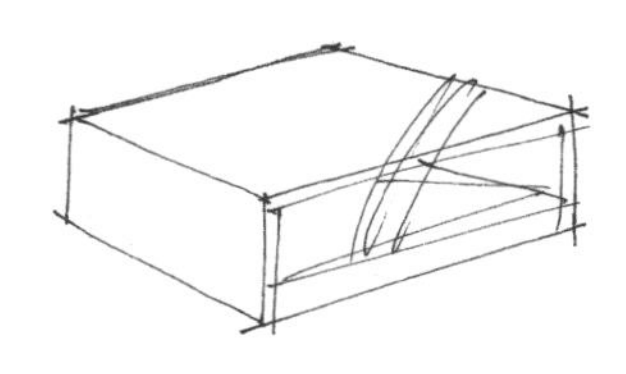

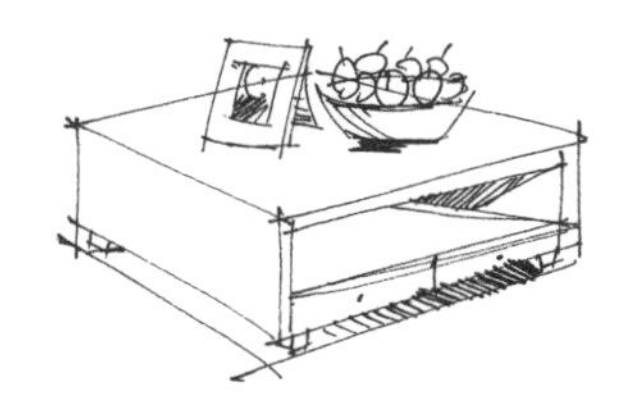

图 1-43 茶几与几何体

（2）茶几的表现

茶几可看作长方体。在刻画过程中特别要注意透视关系。然后在此基础上画出物体结构特征，画出生活摆件等装饰物品及投影（图1-43）。

2.透视与家具表现

在家具表现中，要准确地表现其透视关系。对透视的理解比较容易掌握，但下笔之后往往又觉得画的不够准确，这就需要通过大量的练习提高手与眼的协调配合能力。

（1）床的表现

确定物体的视平线和消失点，用长线勾出床的整体轮廓，注意透视变化。注意斜线的倾斜方向，使其符合透视关系。画出床的比例关系，在透视与比例关系准确的前提下，最后对床品等细节进行深入刻画。注意床上织物质感的表达，如柔软的床单和笔直结构的床架（图1-44）。

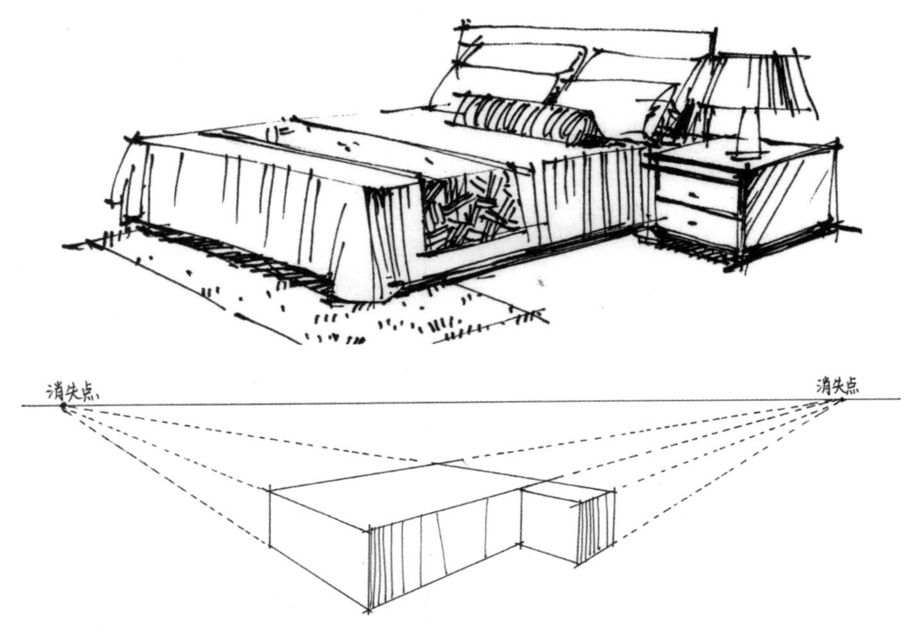

图 1-44 床的线稿表现与透视示意图

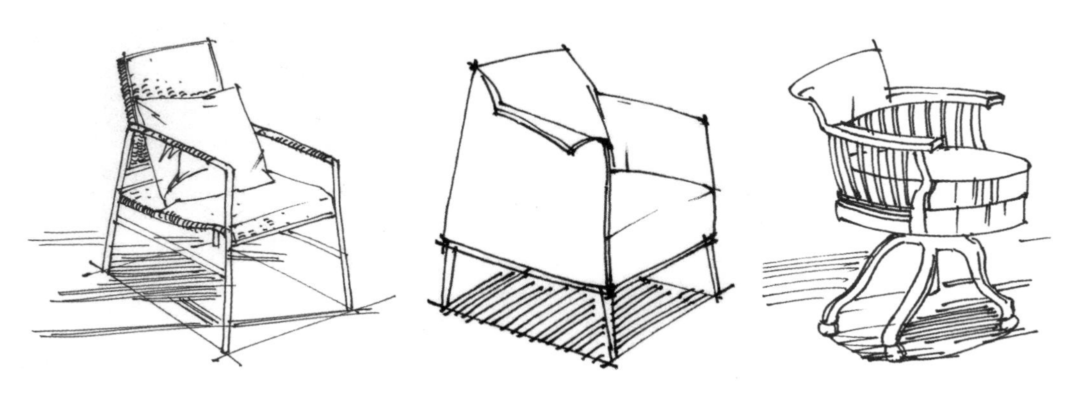

图 1-45　线稿椅子

（2）椅子的表现

在表现椅子过程中，想要画好透视关系，要注意参照比较。画同一透视方向的线条，第二笔参照以前线条的方向，使其符合透视关系。在椅子等家具的表现中比例关系不容忽视。分析家具的组成部分与刻画时的比较是画好比例关系的关键（图1-45）。

3. 阴影表现

投影是手绘效果图中的一个重要因素。投影的刻画可以让画面更加丰满厚重。在表现投影时注意排线的方向和线条的疏密变化（图1-46）。

投影的线条方向一般沿着物体的透视方向去描绘。当需要表现反光度较高的地砖时可用竖向的直线投影表现。

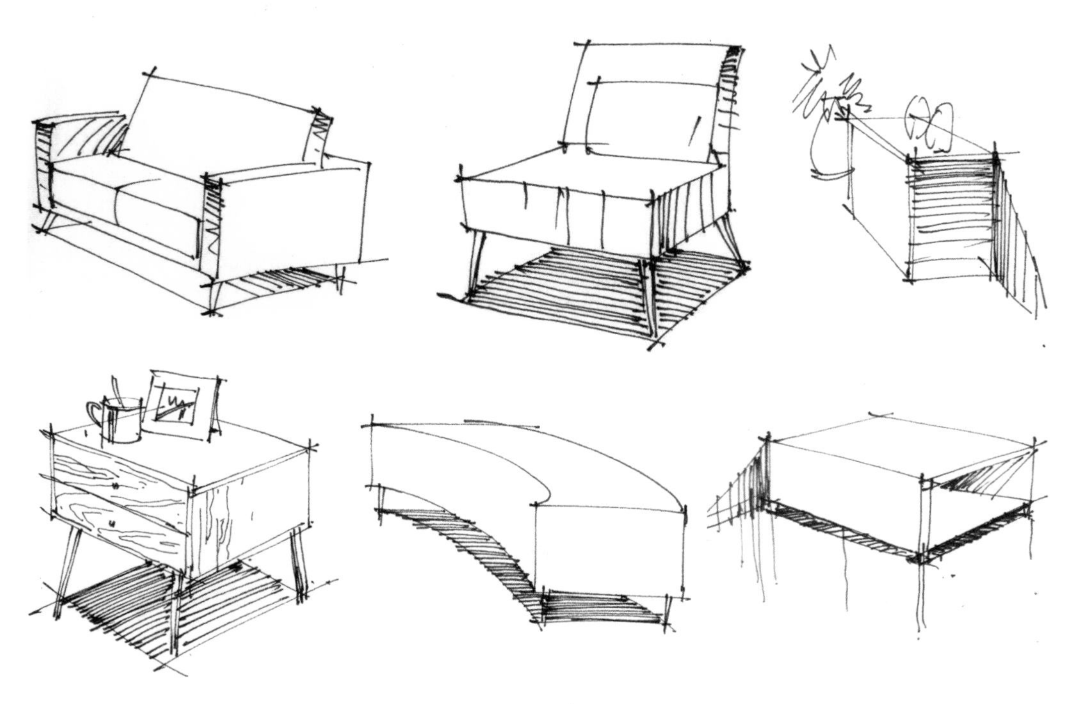

图 1-46　阴影表现

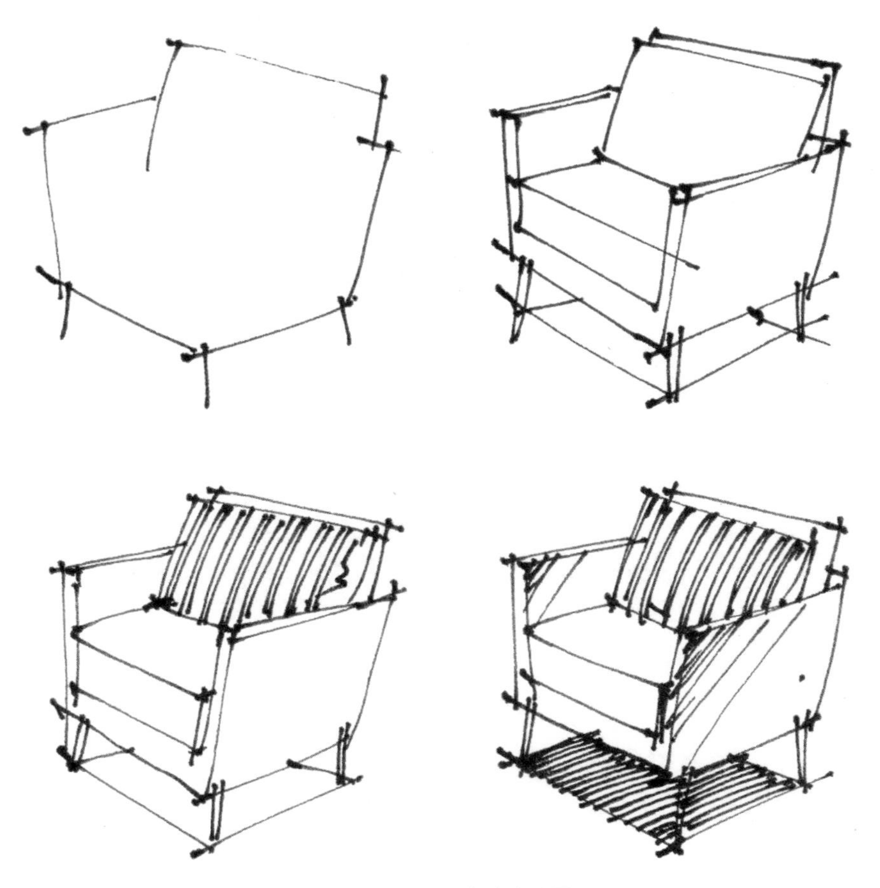

图 1-47　沙发线稿步骤图

4.单体徒手表现步骤

（1）现代沙发的绘制步骤（图1-47）（直接用针管笔徒手表现）

① 根据家具长宽高比例勾画出家具的轮廓，注意形态与透视的准确性。

② 根据家具的外形进一步完善外部轮廓，并按透视刻画沙发内部轮廓。

③ 完善内部轮廓及抱枕，转折部位要清晰。

④ 完善细部结构及投影位置。

（2）古典沙发绘制步骤（图1-48）

对于古典沙发的刻画首先是画出大体的比例和透视关系，然后完善内外轮廓，接下来表现大体的明暗关系，最后整理图案等细节特征。

（3）床的绘制步骤（图1-49）（用铅笔起稿绘制）

① 用铅笔画出床的地面投影。

② 用线画出床的高度，用几何形体去归纳形体。

③ 用勾线笔勾出床的轮廓及其他床品特征。

④ 勾画出其他细节部位和阴影。

图 1-48　古典沙发线稿步骤图

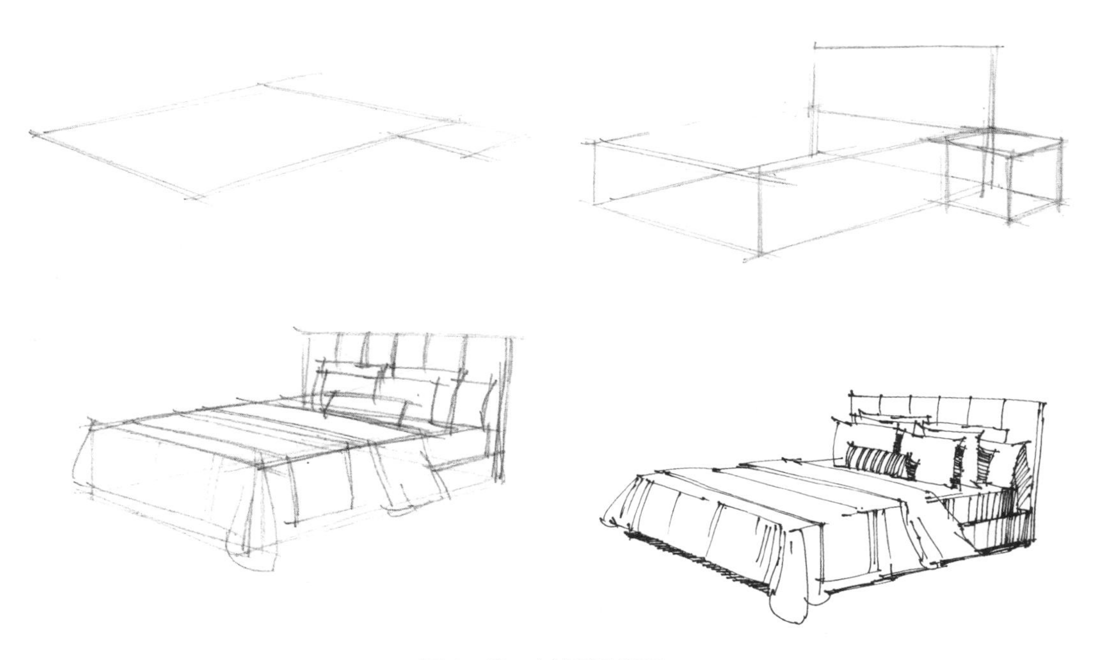

图 1-49　床线稿步骤图

5. 单体线稿范例（图1-50 ~图1-52）

图 1-50　单体线稿 1

图 1-51　单体线稿 2

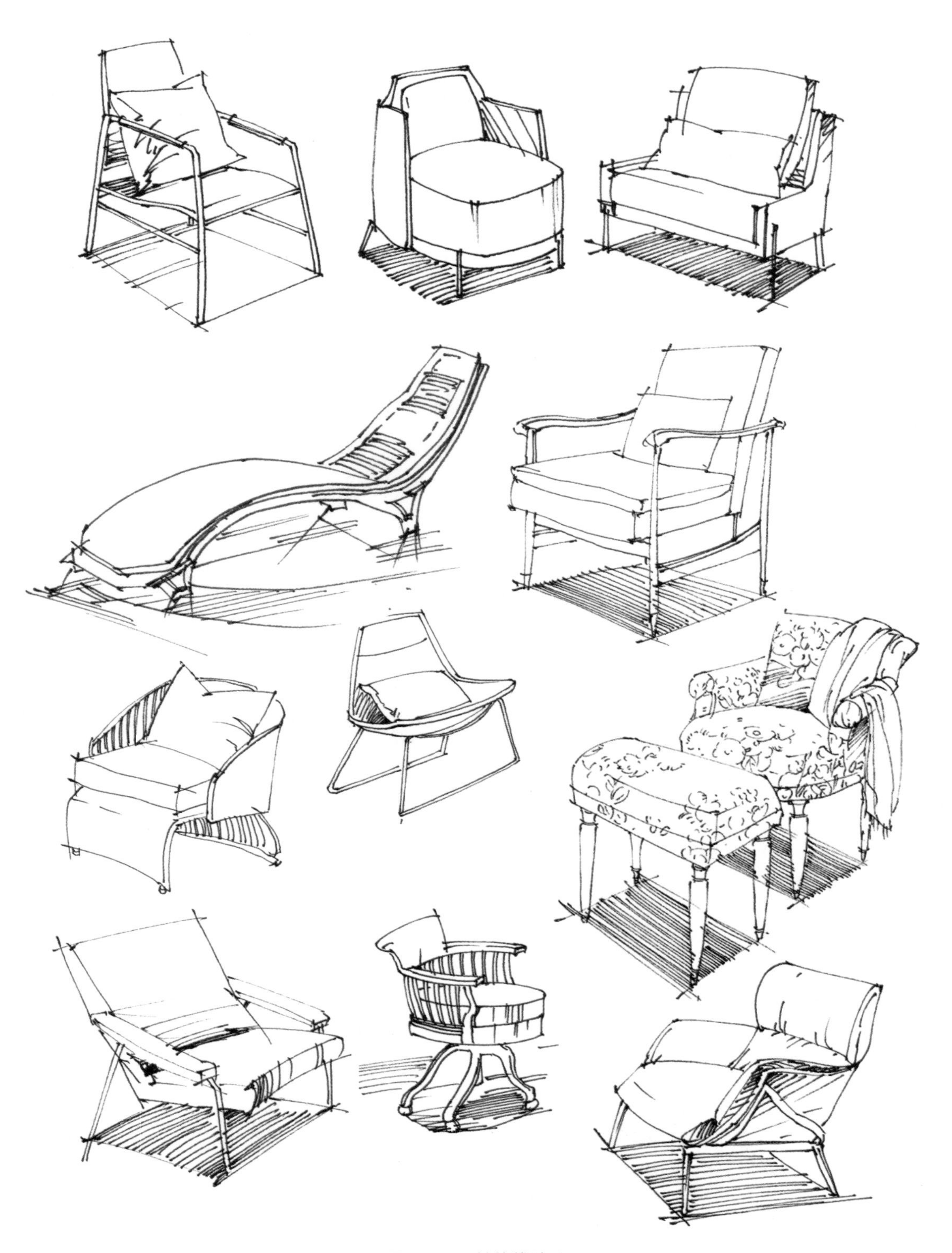

图 1-52　单体线稿 3

三、室内陈设组合线稿表现

1.组合家具表现要点

画组合家具时首先要确定透视角度，组合家具透视要统一。如沙发组合家具透视走向，床组合中床头、抱枕、床品的透视规律。其次注意组合家具的比例关系，相互之间的比例尺度要准确（图1-53）。

图 1-53　家具组合线稿图例

组合家具的徒手表现步骤较为灵活。可以先用铅笔画出家具在地面上的投影；接着画出家具的比例与大的结构关系；用针管笔画出组合家具的内外轮廓关系；最后完善细节关系，画出投影（图1-54）。也可直接用针管笔直接起稿，遵循整体做画的原则。

图 1-54　桌椅组合线稿图例

2. 家具与陈设品组合表现图例（图1-55、图1-56）

图 1-55　陈设品组合线稿表现 1

图 1-56　陈设品组合线稿表现 2

课后实践

课题训练内容：完成线的练习作业一张；完成陈设单体线稿表现；完成陈设家具组合线稿表现。

表现要求：线条生动，透视准确，家具结构关系得当。

THE HAND-DRAWING RENDERING OF INTERIOR DESIGN

室内设计手绘效果图表现

第二单元 马克笔手绘快速表现基础

教学目的

通过本单元的学习，使学生能够掌握室内透视效果图中马克笔的着色表现技巧，提高马克笔表现能力技巧，基本具备室内空间设计方案效果图的表现能力，为设计表现创作打下基础。

重点

马克笔着色技巧

难点

室内空间关系表现得当

任务一　手绘效果图表现工具

任务描述：了解手绘效果图表现工具，完成色卡的制作。

一、工具的认识

1. 常用手绘表现工具

常用手绘表现工具有钢笔、针管笔、彩铅、马克笔、复印纸等。

勾线笔：包括针管笔、铅笔、钢笔等。

钢笔：美工钢笔，笔触弯曲，可实现粗细两种线形的表现，常用于手绘的快速表现。

针管笔：性能稳定，粗细有多种选择（图2-1、图2-2）。常用的线形有0.05 ~ 0.8mm，其中0.2mm线形最为常用。

铅笔：常用于复杂线稿前期的勾画。

马克笔：马克笔是专业手绘表现中最常用的画具之一，主要分为油性和水性。由于水性在多次上色后会对纸面有损害，因此，油性马克笔最为常用。马克笔颜色种类非常多，以数字进行编号。在选购时可依据专业需要来选购需要的颜色。马克笔购买建议：可成套购买，建议色彩60色左右；根据专业选择色彩；暖灰、冷灰、蓝灰、绿灰等灰色较多用，建议单号购买或双号购买；室内专业中地板等木色系列多用，其他颜色辅助；使用前做好色卡（图2-3、图2-4）。

在用马克笔上色前用钢笔或针管笔绘出底图，再用油性马克笔上色，针管笔或钢笔勾勒出的墨线能够很好地克服马克笔在绘图时无法限定和保持清晰边缘的弱点，且一般不会被马克笔所溶解（图2-5）。

图2-1　针管笔与绘图笔1

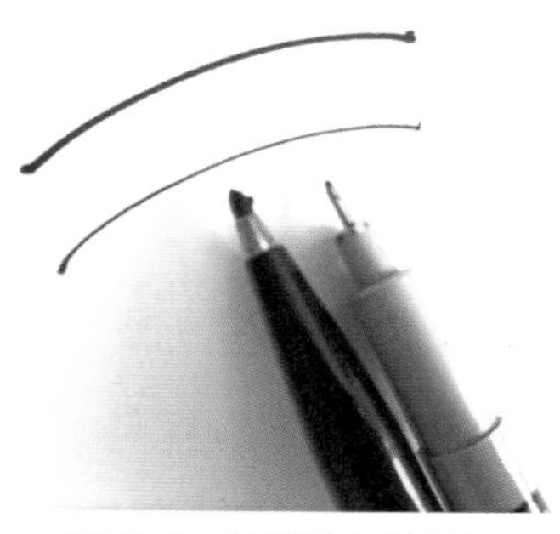
图2-2　针管笔与绘图笔2

图2-3　马克笔

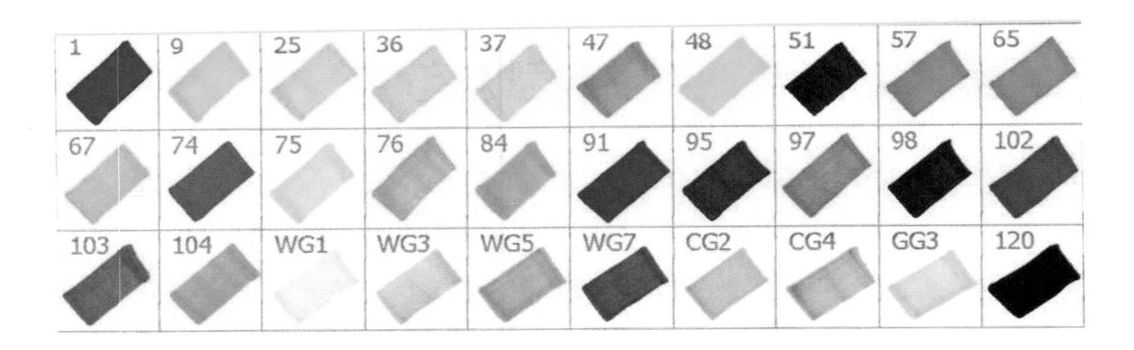

图 2-4　马克笔色卡与常用色号

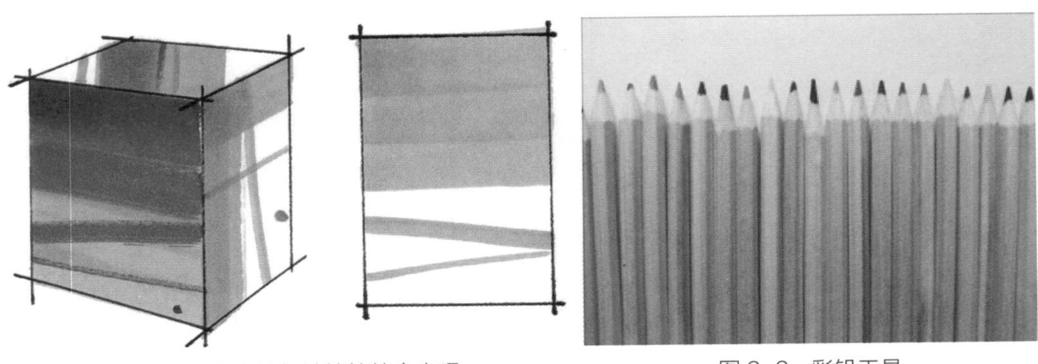

图 2-5　马克笔与针管笔结合表现　　图 2-6　彩铅工具

彩铅：不论是概念方案、草图绘制还是成品效果表现，彩色铅笔都是一种既简便而又效果突出的表现画具。可选购18 ~ 48色的彩色铅笔。其中“水溶性”的彩色铅笔在加入水后还可有水彩颜料的效果，具有较强的表现优势（图2-6、图2-7）。彩铅可与马克笔结合使用，对颜色的渐变有强大的表达效果。

纸张：平时课上的练习可以选用质量较好的复印纸，分为A4、A3两种大小。复印纸比较经济，适合初学者使用。也可用马克笔专用纸，纸张较厚，色彩附着力强，有不同大小规格。

其他物品：如直尺30cm为宜。提线笔也叫高光笔，用于物体亮部表现（图2-8）。

2.其他表现材料与工具

水粉效果图材料：水粉除管装外，瓶装也较多（宜选浓缩型），颜料中大都含粉质，

图 2-7　彩铅绘制的效果图

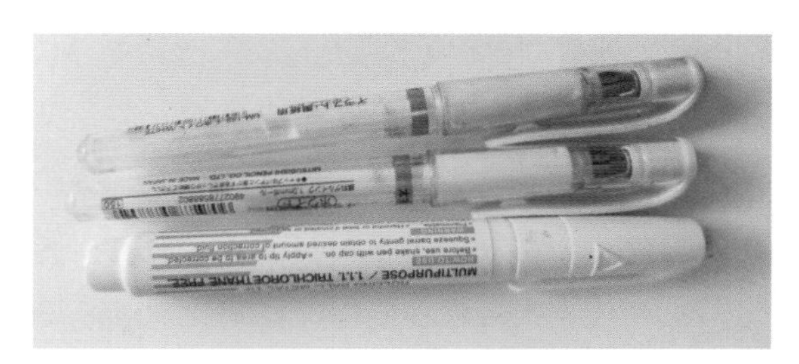

图 2-8　提线笔

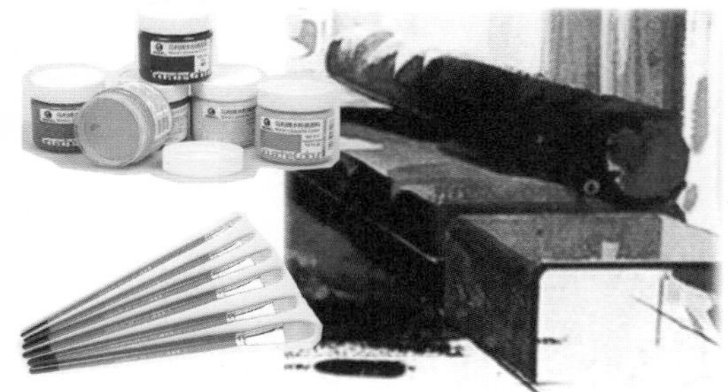

图 2-9　水粉工具材料

覆盖性强，薄画则显半透明，颜色干、湿其深浅有所变化。纸多用水粉纸和水彩纸。水粉笔扁头居多（图2-9）。

水彩效果图材料：颜料一般为铅锌管装，现也有塑料管装，便于携带，色彩艳丽，具有透明性，色度与纯度和水的加入量有关，水越多，色越浅。水彩纸的品牌很多，有粗纹、中粗纹、细纹之分。水彩笔有扁头和尖头两种。

二、色卡制作

准备A4绘图纸一张，用马克笔粗头画出线条，并用马克笔在线条旁边标出色号。不同牌子的马克笔色号是有差别的，色彩排列时要依照一定的规律。

任务二　马克笔笔触与技法

马克笔表现技法

任务描述：完成马克笔的基本用笔训练任务、光影与体块训练任务、色彩着色训练任务，掌握马克笔上色的基本技法。

一、马克笔特性

马克笔作为手绘表现图中最常用的工具，它可以快速地呈现画面效果，不需调色。马克笔分为水性、油性、酒精等类型。我们通常使用的是酒精性的马克笔，其优点是着色均匀、通透性较强、挥发快，利于快速表现。马克笔主要通过线条的不断叠加来取得丰富的色彩变化。和其他表现技法不同的是，马克笔的色彩调和比较难，而且不易修改，所以在绘图时一定要构思好空间和对应的表现手法，下笔要快、准、稳，一气呵成。

二、马克笔的基础用笔方法

平移：平移直线在马克笔表现中是初级表现技法，也是较难掌握的笔法，所以学习马克笔画法应从直线练习开始。绘制时笔触与纸面要完全接触，同时保持视线与纸面呈垂直的状态，手臂带动手腕进行运笔，力度均匀，快速、果断地画出去。抬笔的时候也不要犹豫，不要长时间停留在纸面上，否则颜色会在纸上晕开，形成一个很大的“笔头”。平移的笔触主要用来铺大块面及色调，所以使用范围广泛（图2-10）。

图 2-10　平移

提线：马克笔画线与针管笔画线的感觉相似，不需要有起笔。用马克笔画线条的时候，一定要很细，所以可以用宽笔头的笔尖来画，宽笔头笔尖较硬，画出来的线更细（马克笔的细笔头基本没有用）。马克笔的线一般用于过渡，但是每层颜色过渡用的线不要多，一两根即可，多了就会显得凌乱（图2-11）。

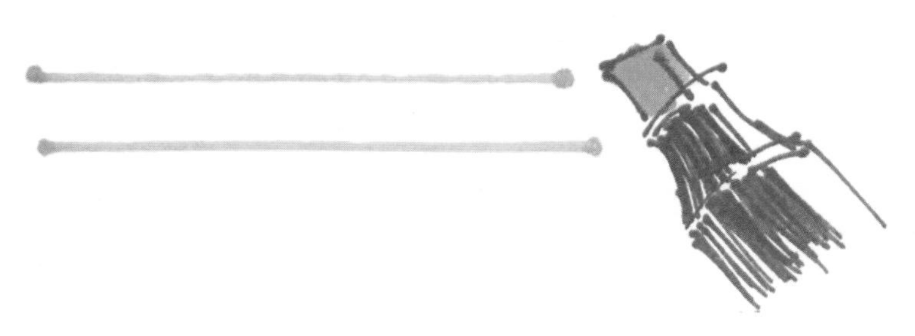

图 2-11　提线

摆点：马克笔的点主要用来处理一些特殊的物体，如植物、地毯等，也可以用于过渡（同线的作用）和活跃画面气氛，使画面富有张力（图2-12）。摆点的时候，注意要将笔头完全贴于纸面45°。点的使用也不宜过多，否则画面会显得躁动。

图 2-12　摆点

马克笔初级表现技法如图2-13所示。

扫笔：扫笔就是在运笔的同时，快速地抬起笔，一笔下去画出自然的过渡，类似于中国书法里的“飞白”，多用于处理画面边缘和需要柔和过渡的地方（图2-14）。扫笔技法多适用于浅颜色，重色扫笔时尾部较难衔接。

图 2-13　初级技法

图 2-14　扫笔

斜推：斜推的技法用于处理斜面和菱形的位置，可以通过调整笔头的斜度来处理出不同的宽度与斜度（图2-15）。

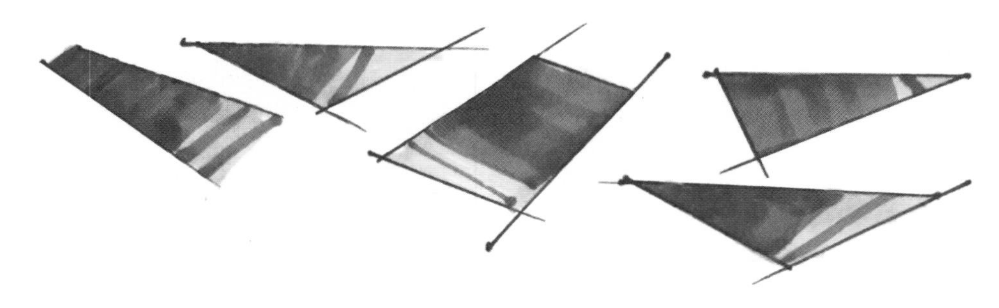

图 2-15　笔触表现斜推

蹭笔：蹭笔是指用马克笔快速地来回蹭出的画面。这样画的地方质感过渡更加自然柔和。

加重：加重一般用120号（黑色）马克笔来进行。一般选用质地坚硬的笔头，画出来的黑色带有磨砂的质感，透气而不沉闷。加重的主要作用是拉开画面层次，使形体更加清晰，光感更加强烈。通常加在阴影处、物体暗部、交界线暗部处、倒影处、特殊材质上（玻璃、镜面等光滑材质）。需要注意的是，加黑色的时候要慎重，避免画面色彩太重而无法修改。

提白：提白的工具我们可以选用提白笔（勾勒精细的地方）或涂改液（大面积地方使用）。提白的位置多用于物体受光的一面，或用来表达物体光滑的质感，强化结构关系。画面中不可过多使用提白，否则画面容易显脏显乱。

马克笔高级表现技法如图2-16所示。

马克笔使用中常出现的问题有：

① 起笔和收笔力度太大，出现了哑铃状的线形；

② 运笔过程中笔头抖动出现了锯齿；

③ 有头无尾收笔草率；

④ 笔头没有均匀接触纸面。

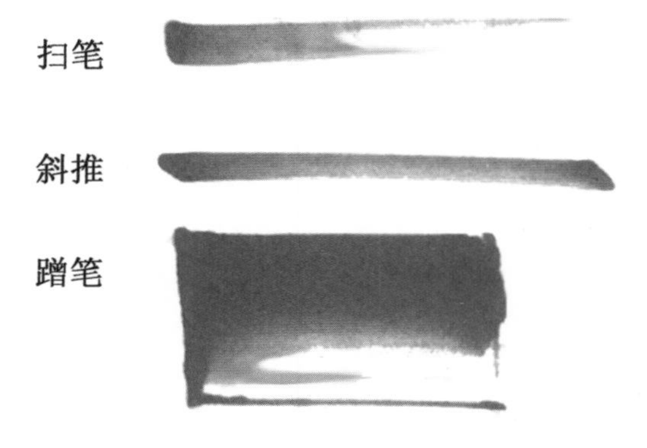

图 2-16　马克笔高级表现技法

三、马克笔的光影与体块训练

光影是马克笔表现的一个重要元素。通过一些体块的训练掌握黑白灰关系，有利于理解画面体积与光影关系，有利于在后期进行空间塑造。在进行体块训练时，要掌握黑白灰三个面的层次变化（图2-17）。

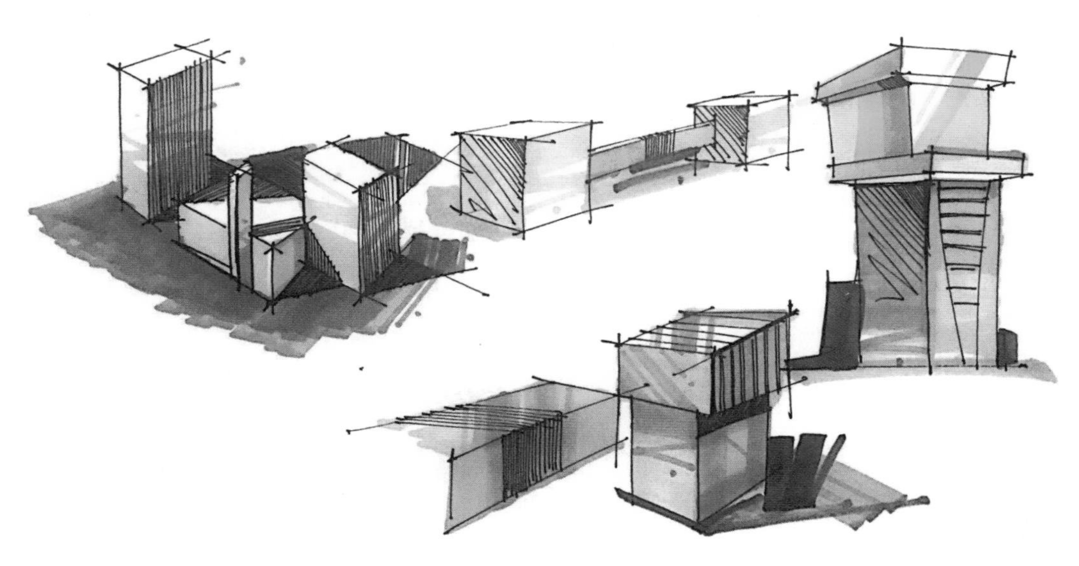

图 2-17　马克笔体块练习

在生活中光源角度可以多种多样，但对于手绘表现来说，过于复杂、随机的光源会增加分析与绘制的难度，所以我们选择常用的90° 垂直照射顶光、45° 正面照射光源和60° 正面照射光源进行分析。以立方体加减形体为例，在不同光源的照射下其明暗变化如图2-18所示。

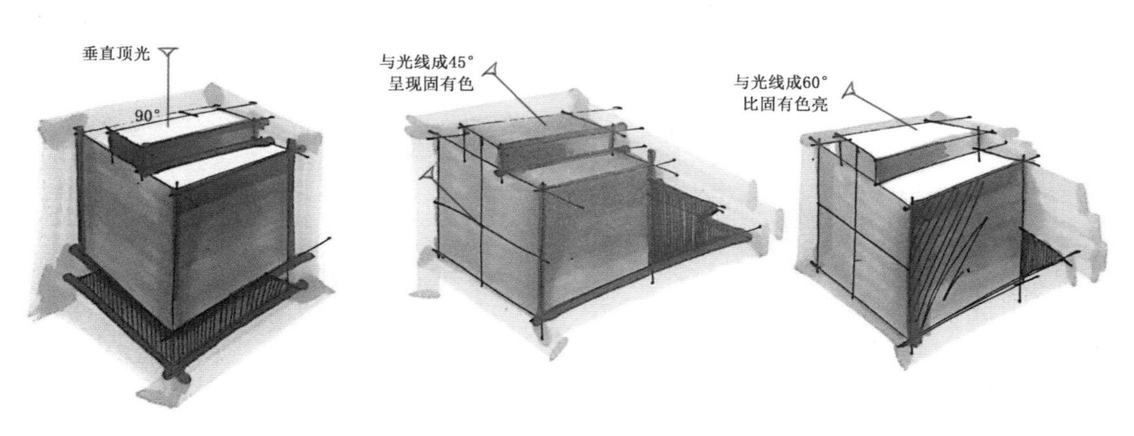

图 2-18　光源的不同角度

四、马克笔着色技巧

1. 渐变

色彩逐渐变化的上色方式称为渐变（或退晕）。渐变可以是色相上的变化，比如从蓝色到绿色；也可以是色彩明度上的变化，比如从浅色到深色的过渡变化；也可以是色彩饱和度的变化（图2-19）。世界上很少有物体是均匀着色的，直射光、反射光形成了随处可见的色彩过渡。色彩的过渡使画面更加逼真、鲜明动人，可以用于表现画面中微妙的对比。马克笔色彩的渐变是极具代表性的表现手法，大量应用于手绘表现中。

2. 叠色

单支马克笔产生的渐变不能满足较长面积的退晕关系时，通常会采用同色系（先浅后深的上色原则）叠加渐变层次的办法来增加表现的长度，这样可以得到更加强烈的对比效果，同时还可以自然过渡（图2-20）。

不同色系叠加后产生的颜色变化需要根据经验进行调配。不同色系色彩叠加时应以一种色彩为主体，另一种色彩为衬托，这样才不至于出现脏的情况；纯色与灰色搭配时，能够降低色彩的明度与纯度，能够有效地起到协调画面色彩的作用（图2-21、图2-22）。

图2-19　色彩的渐变

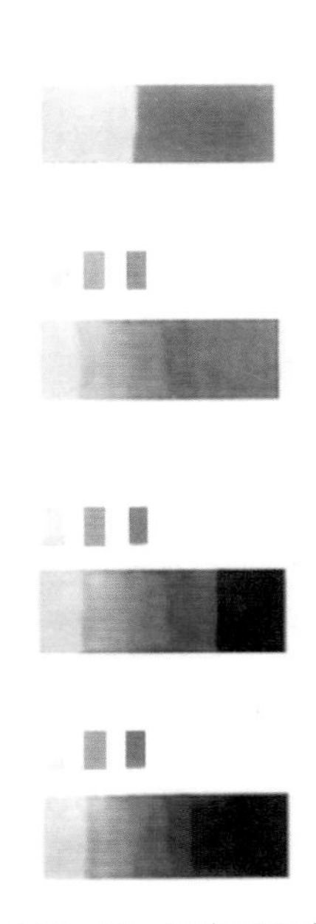

图2-20　同色系叠色

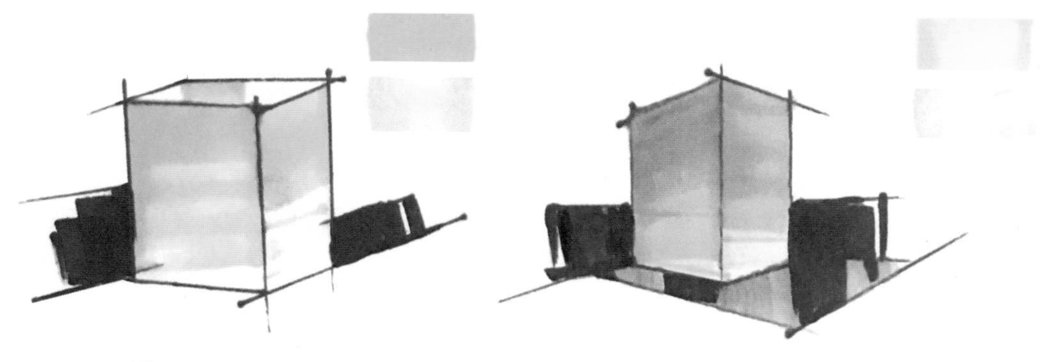

图 2-21　不同色系叠加　　　　图 2-22　纯色与灰色叠加

3. 融色

通常以固有色为基础先进行画面大面积的处理，再加以其他颜色进行画面颜色的互融处理（图2-23、图2-24）。

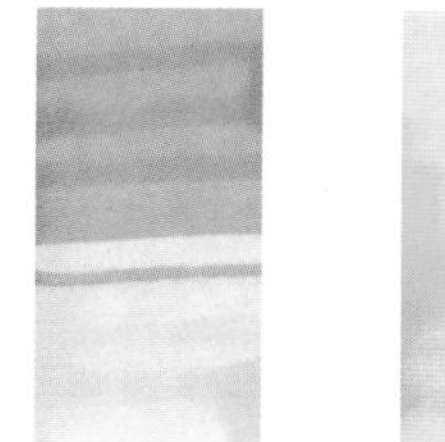

图 2-23　同色系互融　　　　图 2-24　互补色互融

马克笔表现技法要点有：

① 用笔要随形体走，方可表现形体结构感；

② 用笔用色要概括，应注意笔触之间的排列和秩序，以体现笔触本身的美感，不可零乱无序；

③ 不要把形体画得太满，要敢于“留白”；

④ 用色不能杂乱，用最少的颜色尽量画出丰富的感觉；

⑤ 画面不可以太灰，要有阴暗和虚实的对比关系。

课后实践

课题训练内容：马克笔光影与体块表现10张；马克笔不同着色技巧表现10张。

表现要求：每张A3纸上建议规划8个线框，要求线框分布合理，再用马克笔完成以上任务。

任务三　陈设品马克笔表现

任务描述：完成家具、灯具、绿植及其他陈设品的单体练习；完成家居组合表现练习，熟练掌握马克笔表现方法。

一、陈设品单体表现

1.沙发

沙发是客厅的主要陈设品，一般分为单人沙发、双人沙发、三人沙发、贵妃椅，按材质又可分为木质、布艺、皮革、藤制等。在表现沙发时要注意透视与比例关系，质感及样式特征（图2-25）。

沙发绘制步骤（图2-26）：

① 绘制出沙发的线稿；

② 用浅蓝色画出沙发的亮部，沙发亮部适当留白；

③ 用同色系较深蓝色画出沙发大的明暗变化，用中黄色画出靠垫的基本色彩；

④ 进一步加重形体的暗部，然后丰富靠垫的明暗与阴影，最后用灰色画出地面阴影部分的层次。

图2-25　沙发表现图例

图 2-26　沙发绘制表现步骤图

2. 桌椅、茶几的表现

桌椅多为餐厅和书房所用，餐厅桌椅多成组表现。桌子透视是表现的重点，椅子的表现要注重造型特征（图2-27）。

图 2-27　桌、椅表现图例

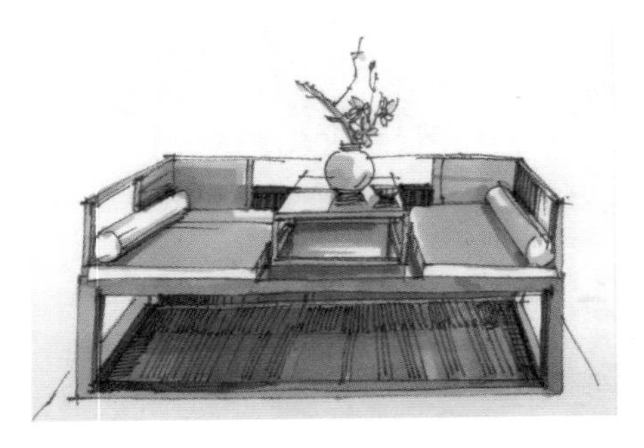
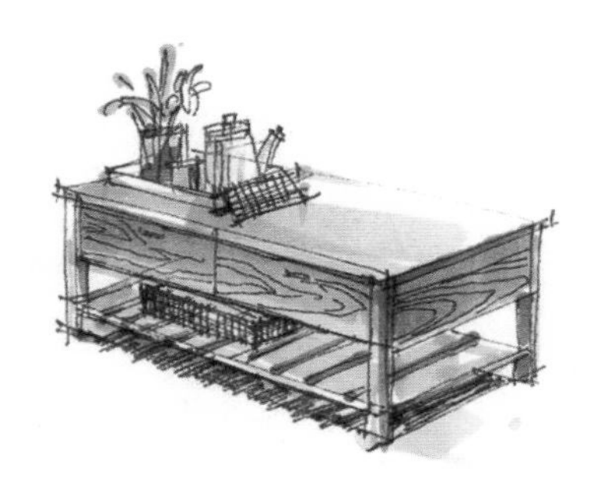

图 2-28　茶几图例

在表现茶几时，应当注意茶几的比例关系、透视关系以及茶几的质感，茶几上的装饰品可以增加茶几的生动感。茶几的材质多为木材、金属、玻璃、布艺、石材等，在表现时注意不同材质的特征（图2-28）。

椅子绘制步骤（图2-29）：

① 绘制出椅子的线稿。

② 用暖灰色画出椅子的亮部，椅子亮部适当留白。

③ 用较深暖灰色画出椅子大的明暗变化，用暖黄色和浅蓝画出靠垫的基本色彩。

④ 进一步加重形体的暗部。然后丰富靠垫的明暗与阴影，最后用灰色画出地面阴影部分的层次。

图 2-29　椅子绘制表现步骤图

3. 床的表现

床的表现要考虑不同风格样式的床的造型特征，中式、欧式、古典、现代等风格的区分；还要注意床品布艺的材料质感表现。在色彩表达上，注意颜色搭配的和谐和整体感，马克笔笔触按照线稿线条的方向运笔（图2-30）。

图 2-30　床单体图例 / 杨海

床绘制步骤（图2-31）：

① 绘制出床体的线稿；

② 画出床单与布褶色彩变化，注意用笔按照线条的方向；

③ 用较深色画出床的明暗变化，画出床头柜的固有色，画出其他床品的基本色彩；

④ 进一步丰富布褶的明暗变化，然后丰富其他细节，最后用灰色画出地面阴影部分的层次。

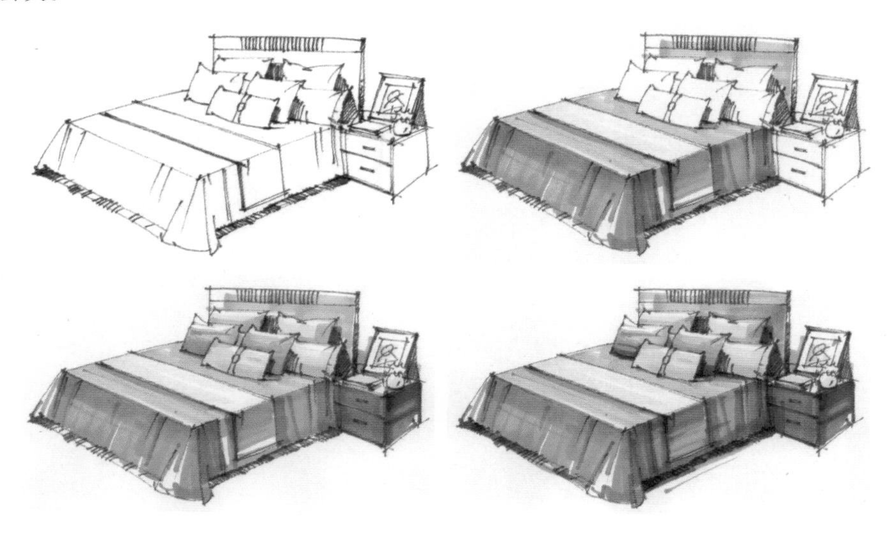

图 2-31　床马克笔表现步骤图

4.植物

室内植物样式多样，是空间中的主要点缀物品。在表现时注意植物的生长规律，准确把握其形态特征、生长规律。植物枝叶密集的注意枝叶前后层次、穿插关系、疏密关系（图2-32）。

图2-32　植物单体图例

5. 其他陈设品表现

在画面中点缀一些造型别致、色彩鲜明的小装饰品，会起到丰富画面的效果，在表现过程中要注意概括表达（图2-33）。

图 2-33　陈设单体图例

灯具按照它的形状与功能可以分为台灯、壁灯、筒灯、吸顶灯等，在表现时要注意其外形特征和透视变化（图2-34）。

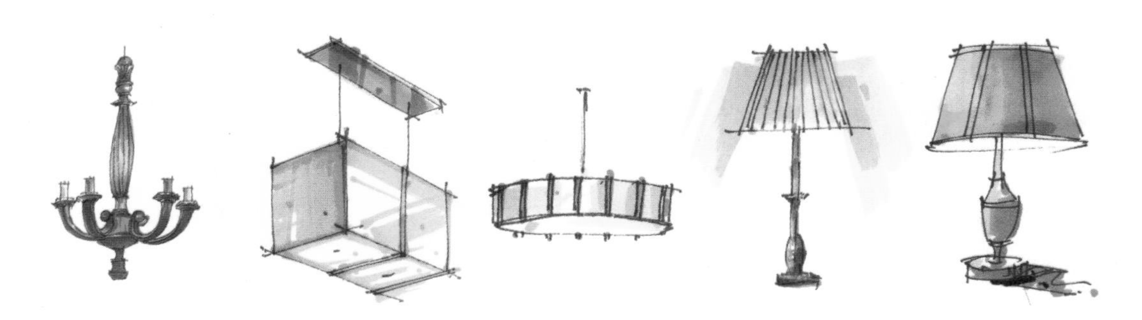

图 2-34　灯具单体图例

图2-35、图2-36为部分优秀的陈设单体图例。

图 2-35 椅子单体图例

图 2-36　陈设单体图例（马克笔表现）

二、材质表现

材质表现

在设计表达过程中，我们需要表现设计空间中不同物体的材质特征。熟练掌握运用不同形式的线条和色彩是表达材质的关键。

室内设计中，材质种类很多。常见材质表现包括：木质纹理、石材、金属、镜面与玻璃、藤制品及织物等。

1.木制材质的表现

在室内空间中木材是最常见的装饰材料，从地板到柜子、桌椅等。手绘表现的木质材质主要是以室内地板、木质家具、木质装饰墙面为主。木材加工容易，纹理自然而细腻，与油漆结合可产生不同深浅、不同光泽的色彩效果。木材的质感表现重在纹理的表达。可先用线勾画出木材的纹理；在色彩的表达时要保留木材的纹理和色调本身的特点，选用同一色系的马克笔重叠画出木纹，注意木材表面的亮光效果。画好轮廓后根据需要画出木纹变化，注意不要把木纹画得太规则。材质上色时，选择棕色系列的马克笔先平铺上色，再把家具体面的明暗变化表现出来。画木制的纹理后，点缀一些树结，这一部分可以结合彩铅使用。表现家具时要注意结构体积，刻画虚实得当，画出阴影部分，加强立体感。

木制材质家具表现步骤：

① 轮廓线也借助直尺表现，线稿阶段可画出木纹的纹理变化和明暗特征（图2-37）。

② 用马克笔棕色系列颜色画出柜体颜色，注意三个明暗体面的深浅变化（图2-38）。

③ 家具表面需要通过颜色的深浅变化与笔触突出木材的质感，可用彩铅结合表现，点缀树结（图2-39）。

④ 画出阴影关系，以加强立体感，做整体调整（图2-40）。

图 2-37　木制材质表现 1

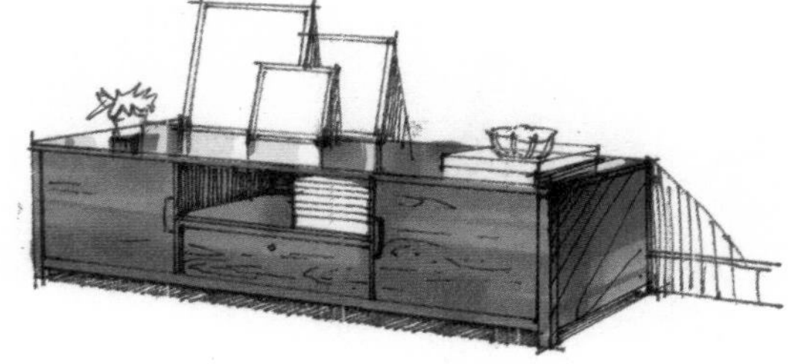

图 2-38　木制材质表现 2

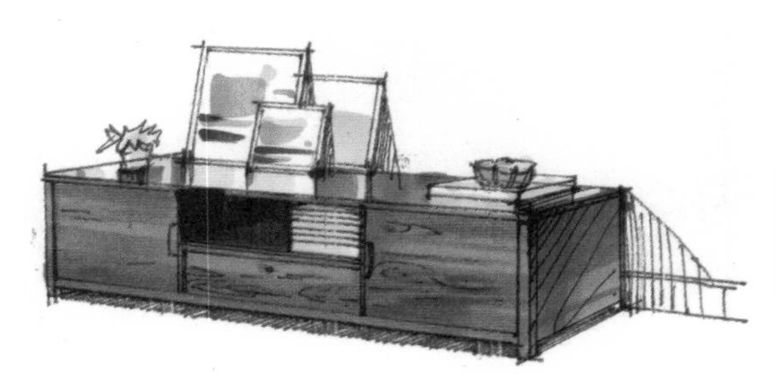

图 2-39　木制材质表现 3

图 2-40　木制材质表现 4

2. 石材材质的表现

石材主要分为光洁石材与粗糙石材。

较光洁石材以大理石、瓷砖居多（图2-41a）。画大理石，需要先用线稿简单刻画出石材的纹理，大理石面上会有类似于闪电状不规则的纹理。用马克笔表现大理石质感，色彩沉着稳重，需注意笔触排列，因大理石表面光洁，会有很强的反光，在使用马克笔排线时不能呆板，可适当用些斜线去表现反光或投影，让质感体现更加真实。除此之外，还需在画面中加入高光的运用，让石材光洁的特点体现出来。

另一种较粗糙的石材，如文化石。轮廓凹凸不整齐，用线可以自由灵活一些，表现时应突出石材粗糙的肌理效果（图2-41b）。

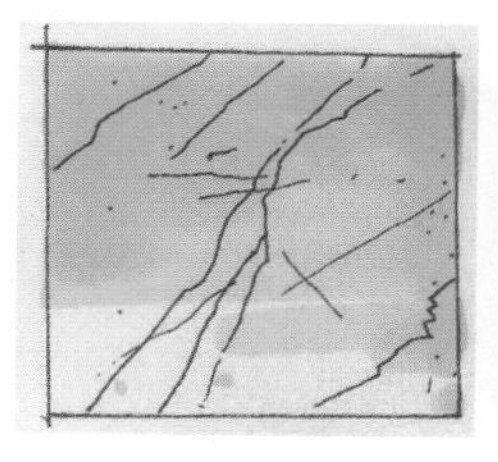

a. 光滑

b. 粗糙

图2-41　石材材质表现

贴面砖墙材料尺寸较规范和色彩均匀，表现时注意整体，可以用打点的形式来突出硬质。对于两种颜色镶嵌的砖表现时，不必细抠每个砖缝。石墙外形较为方整，略显残缺，石质粗糙而带有凿痕，色彩分清灰、红灰、黄灰等色，石缝不必太整齐，勾线时可颤抖勾画。

3. 金属与玻璃制品的表现

金属装饰在现代装饰中应用较广，能丰富材料的视觉效果，烘托室内时尚气氛，表现金属材质时应掌握以下几个要点。

① 不锈钢表面感光和反光色彩均十分明显，做图时可适当地、概念地表现其自身的基本色相（如银灰、金黄）以及形体的明暗。

② 金属材料受各种光源影响，要注意金属的镜面反射，受光面明暗的强弱反差极大，背光面的反光也极为明显，注意光泽、高光、投影表现，特别注意物体转折处、明暗交界线和高光的夸张处理。

③ 金属材质大多坚实，为了表现其硬度，最好借助靠尺快捷地拉出率直的笔触，对曲面、球面形状的用笔也要求果断、流畅。

金属材质表现如图2-42所示。

图2-42　金属材质表现

玻璃与镜面都属于同一基本材质，平整光滑。镜子反光和玻璃透光反光特点明显。玻璃材质透明，且还对周围产生一定的映照。玻璃材质着色时应先

图 2-43　镜面材质表现

图 2-44　玻璃材质表现

把后面的物体颜色做简单刻画，不需刻画得过于写实，之后再画玻璃的斜线。马克笔斜线不宜过多，寥寥几笔就能很好地去展现这类材质的特点了，剩下的部分做留白。需要注意的是在用马克笔排线时，线一定得画直且平行，表达玻璃的平滑硬朗（图2-43、图2-44）。

4.布艺窗帘等织物表现

织物类软装饰可以柔化、丰富室内空间。常见织物包括地毯、窗帘、桌布、布艺沙发、抱枕等，可以用轻松的线条形成柔软的质感。

（1）布艺窗帘

窗帘是室内空间中非常重要的一种软装设计用材。在刻画窗帘质感时，线稿勾画应把窗帘褶皱的结构、前后关系刻画清楚，为后面上色打下一个好的基础。在上色部分，先把窗帘的底色平涂出来，之后加深褶皱内的暗部刻画，画出立体感。布艺上的花纹或纹理可用马克笔尖头部分去刻画（图2-45）。

图 2-45　窗帘表现

（2）抱枕

抱枕的造型较为简单，褶皱和体块关系的塑造是表现重点；另外抱枕的材料不同，会产生不同的质感，表现时注意笔触的衔接与变化（图2-46）。

（3）其他布艺表现

室内大量的沙发、椅垫、靠背为皮革制品，面质紧密、柔软、有光泽，表现时根据不同的造型、松紧程度运用笔触。物体上图案的表现要依据透视原理，近大远小、近实远虚去描绘。另外织物的种类不同，用笔用线也要予以区别表现。绸缎类，柔软、薄、悬垂性好，色泽明亮，表面光滑，以曲线表现为主；毛纺类，用笔要表现出厚实、硬朗（图2-47）。

图 2-46　抱枕表现

图 2-47　布艺表现

5. 藤材质家具表现

藤制品上的线条表达应按照本身排列规律刻画，利用笔触疏密，突出虚实关系（图2-48）。

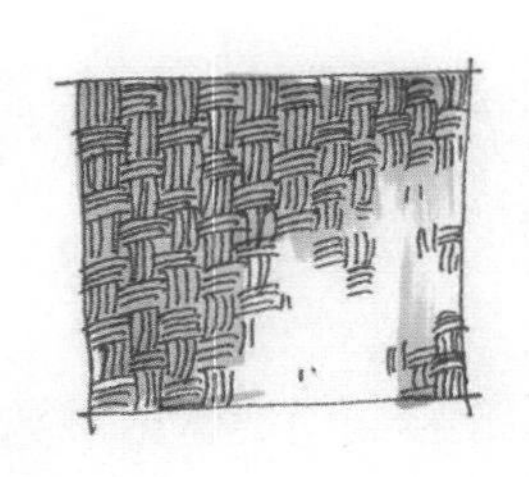

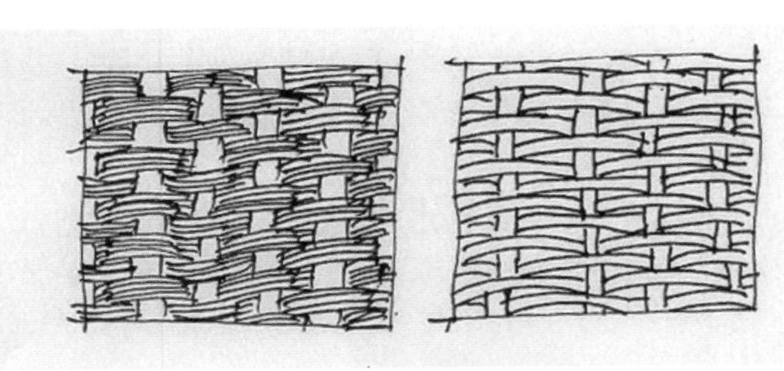

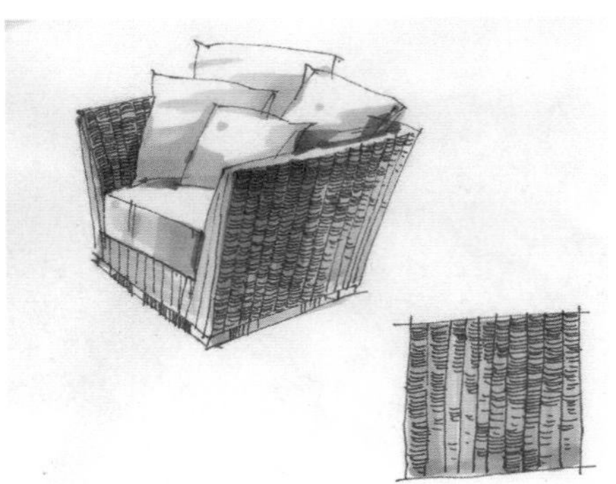

图 2-48　藤材质表现

三、陈设组合徒手表现

1.陈设组合要点

陈设组合要结合空间特点，配饰的造型、色彩、材质、尺度关系进行空间搭配，力求画面和谐统一（图2-49）。

图2-49 沙发组合表现

2.陈设组合范例（图2-50～图2-57）

图2-50 餐桌组合表现

图2-51 沙发组合表现 1

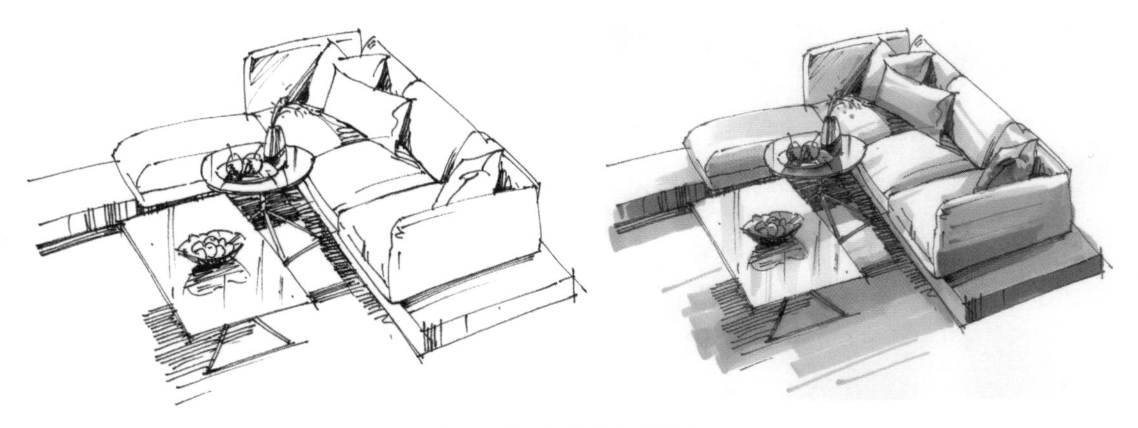

图 2-52　沙发组合表现 2

图 2-53　沙发组合表现 3

图 2-54　桌椅组合表现

图 2-55　沙发组合表现局部 1

图 2-56　沙发组合表现局部 2

图 2-57　沙发组合表现

课后实践

课题训练内容：完成床、桌椅等陈设品练习作业。

表现要求：掌握用笔、用色。

THE HAND-DRAWING RENDERING OF INTERIOR DESIGN

室内设计手绘效果图表现

第三单元 室内居住空间手绘表现

教学目的

本单元以室内家居空间表现为主，主要对家居客厅空间、卧室空间、餐厅空间、书房等空间进行效果图表现学习。通过本单元的学习，使学生能够提高室内手绘效果图马克笔的表现技巧，具备住宅不同功能空间设计方案的表现能力。

重点

室内空间马克笔表现技巧

难点

室内空间色彩配色

任务一　客厅空间线稿与色彩手绘表现

任务描述：以家居客厅空间表现为主，绘制客厅空间手绘效果图线稿，绘制客厅空间马克笔着色效果图，掌握家居客厅空间的设计要点，提高手绘表现能力。

一、客厅空间功能与表现要点分析

客厅是家居空间中的主要起居空间，是休息、娱乐、聚会的主要场所。客厅手绘表现要注意以下几点：

其一，注意对设计风格、整体布局的理解与认识，家具造型特征与风格相适应。

其二，注意色彩的统一与和谐，注意固有色表达与色彩的提炼概括。

其三，客厅中的装饰材料较多，要注意不同种类材质的表现手法。如地面石材的反光，玻璃制品的透明度，木质材质的纹理变化等（图3-1）。

图 3-1　客厅马克笔表现

二、客厅空间线稿表现

1. 客厅构图与透视

在线稿阶段构图和透视是表现的重点。首先是视点的选择。视平线的高度不同，画面呈现的视觉效果也不同。图中画面选取一点透视，主体家具位于画面的中间部分，视点接近画面的中心处。画面给人的整体感觉简单、规整，表达图面较全面（图3-2）。

图 3-2　客厅线稿表现

2. 客厅家具尺度把握

家具和空间尺度的把握也是线稿阶段应注意的问题。熟练运用透视原理做画对进一步把握物体比例关系有很大帮助。按照一定的空间比例和布局坚持练习，提高手绘表现的感觉能力（图3-3）。

图 3-3　客厅局部线稿表现

三、客厅效果图表现步骤

1. 两点透视空间效果图范例

① 线稿阶段。可以用铅笔起稿，也可以用尺规辅助，最后用针管笔勾画出空间效果。勾画时可以先确定视平线和消失点，然后从墙面的透视线开始勾画出大的空间透视关系和主要物体。在线稿表现中遵循从整体到局部，从主要到次要的原则。在大的关系建立之后，根据陈设的摆放添加装饰品以丰富画面关系。最后整理完成线稿的表现。在线稿阶段，有些明暗变化需要用钢笔表达（图3-4）。

图 3-4　客厅表现步骤 1

② 初步上色。上色前要明确客厅的装饰风格及大的背景色调。用马克笔区分主要的形体界面关系，分别画出天花、背景墙、地面、主体家具等色彩。上色规律由浅入深，画面着色不要太满，要适当留白。在色彩表现时以固有色的表现为主，做到色彩统一（图3-5）。

图 3-5　客厅表现步骤 2

③ 深入阶段。进一步表现画面关系。从视觉主体开始，画出主体家具的体面特征，注意色彩的明暗变化，用笔要肯定，画出其他细节关系（图3-6）。

图 3-6　客厅表现步骤 3

局部图中背景的配画表现要简洁概括，用笔干净利落，用色统一（图3-7）。

图 3-7　客厅表现步骤图局部

④ 最后画面调整。这一步要从整体关系出发，调整画面的虚实和色调关系，注意细节与整体的把握（图3-8）。

图 3-8 客厅表现步骤 4/ 张春娥

2. 一点透视空间效果图范例

下面案例为一点透视的空间表现。在线稿完成之后，用马克笔进行着色。先考虑空间的大色调关系。将界面和主体的大色彩变化表现出来，之后再逐步进行物体与空间的深入表现（图3-9、图3-10）。

图 3-9 一点透视客厅表现步骤图

图 3-10　一点透视客厅表现完成图 / 张春娥

客厅中的物品较为丰富，在深入时要注意不同材质的表现（图3-11、图3-12）。如电视，注意笔触的变化与衔接，突出反光变化，可适当留白。柜子多为木质材质，用笔要硬朗，笔触明确。注意电视柜的黑白灰明暗变化和体面关系。手绘效果图着色表现多强调物体明暗对比和空间对比关系。通常物体的亮部适当留白，有些地方也可用提线笔提白表现。

图 3-11　一点透视客厅表现步骤图局部 1

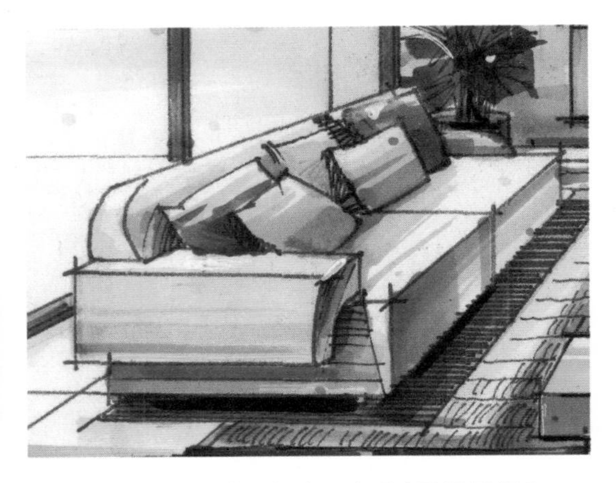

图 3-12　一点透视客厅表现步骤图局部 2

四、客厅表现图例作品赏析

如图图3-13 ～图3-16所示。

图 3-13　客厅效果图 / 赵国斌

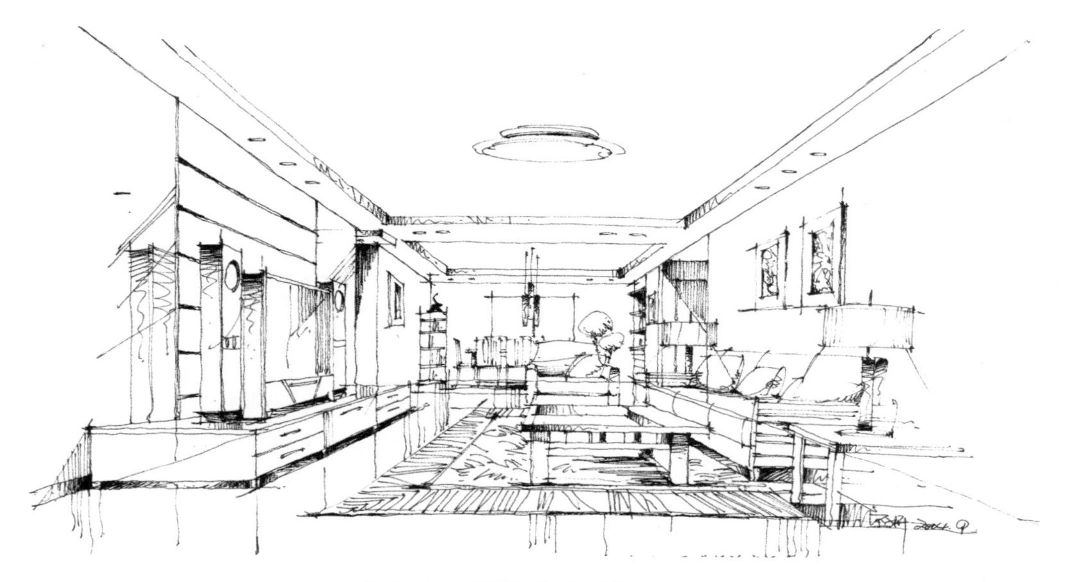

图 3-14　线稿图例 / 宋研

图 3-15　客厅手绘效果图 / 陈红卫

图 3-16　客厅手绘效果图 / 杨海

任务二　卧室空间线稿与色彩手绘表现

任务描述：绘制卧室空间手绘线稿图，掌握卧室空间构图要点与空间表达方法。绘制卧室空间马克笔上色步骤与效果图。

一、卧室空间的概念与功能

卧室是供居住者睡眠、休息的空间，又被称为卧房、睡房，分为主卧、次卧等。卧室的整体风格主要由床品、窗帘、衣橱等软装来决定，通过其图案、色彩来把握卧室空间的整体格调。此外，卧室空间的灯光照明以装饰性灯光为主，通常采用光线柔和的台灯和壁灯来增强空间氛围。

二、卧室空间的设计要点

卧室空间设计应保证其私密性，卧室的灯光照明以温馨的暖色调为主。卧室空间必备的使用家具有床、床头柜、衣橱柜、低柜（电视柜），主卧一般还有卫浴室，功能上注重使用方便，要保证衣橱的储存空间。卧室整体色彩应统一、和谐、淡雅为宜，地面一般宜采用中性或暖色调，材料多选用地板、地毯等。床头背景墙可设计一些有个性化的装饰品，选材宜配合整体色调，烘托卧室气氛。

三、卧室空间线稿表达与构图技巧

在卧室空间线稿表达过程中，首先应注重卧室内床品、地毯等布艺材质的线条表达，通过变换线条方向和力度，刻画出真实的纹理效果和柔软质感。其次应注重对卧室光源的刻画，通过拉大明暗对比和加强阴影效果来表现光源的强烈氛围。卧室空间尽可能选择层次较丰富的视觉角度，若没有特殊要求，要尽量把视点放低些，一般控制在1.6米以下，从而使视平线和床具形成较好的视角，增加空间氛围感。

四、卧室空间线稿与构图案例

如图3-17 ～图3-21所示。

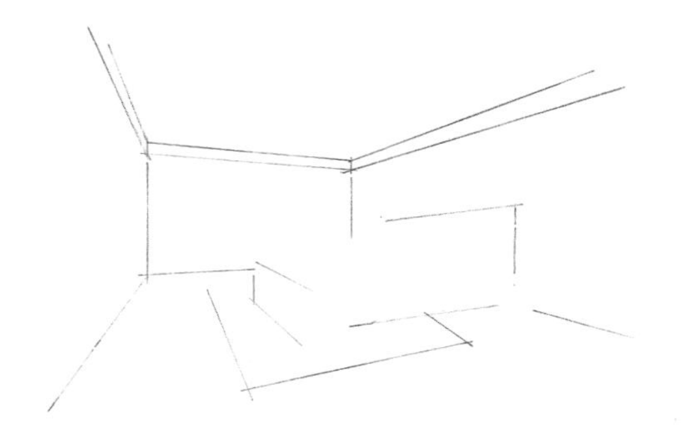

图 3-17　卧室线稿步骤 1/ 温宏岩

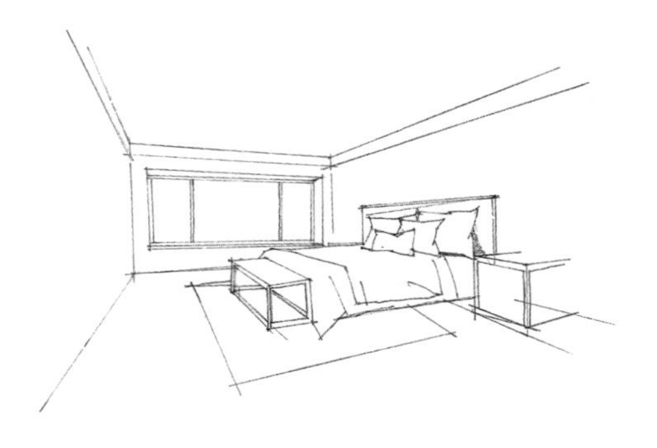

图 3-18　卧室线稿步骤 2/ 温宏岩

图 3-19　卧室线稿步骤 3/ 温宏岩

图 3-20　卧室线稿步骤 4/ 温宏岩

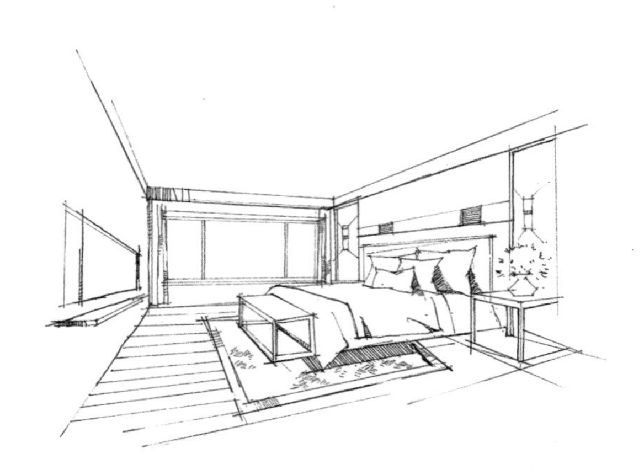

图 3-21　卧室线稿步骤 5/ 温宏岩

五、卧室空间马克笔上色表现技巧

卧室表现

在卧室空间马克笔上色训练过程中，把握整体空间布艺织物的柔软质感表达，营造舒适温馨的空间环境。卧室床品、窗帘、地毯等柔软的质地、明快的色彩使室内氛围亲切、自然，画面可运用轻松、活泼的笔触表现柔软的质感，与其他硬材质形成一定对比，使布艺材质效果表现富有艺术感染力和视觉冲击力。此外，还应注意卧室整体色彩基调，依据不同的卧室风格确定色彩基调，把握整体色彩的搭配关系，灵活运用冷暖色对比，丰富画面节奏感。

六、卧室空间上色步骤与效果图案例

如图3-22 ~图3-29所示。

图 3-22　卧室表现案例一步骤 1/ 温宏岩

图 3-23　卧室表现案例一步骤 2/ 温宏岩

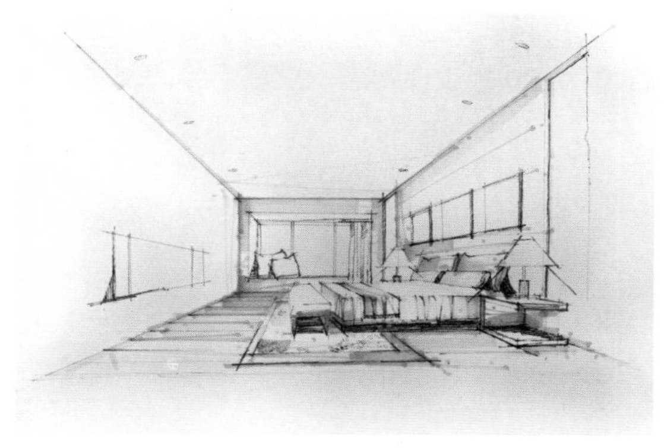

图 3-24　卧室表现案例一步骤 3/ 温宏岩

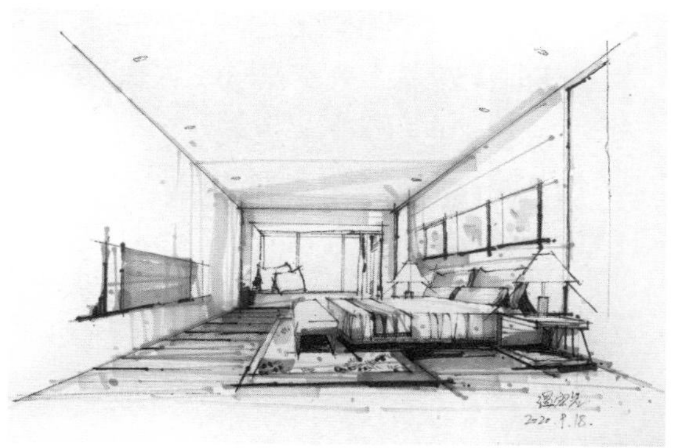

图 3-25　卧室表现案例一步骤 4/ 温宏岩

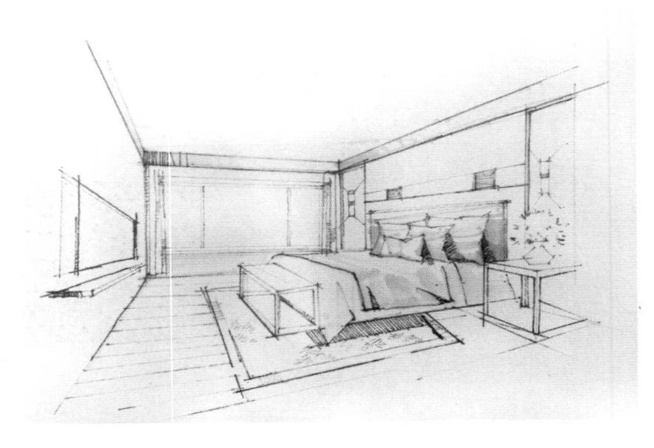

图 3-26　卧室表现案例二步骤 1/ 温宏岩

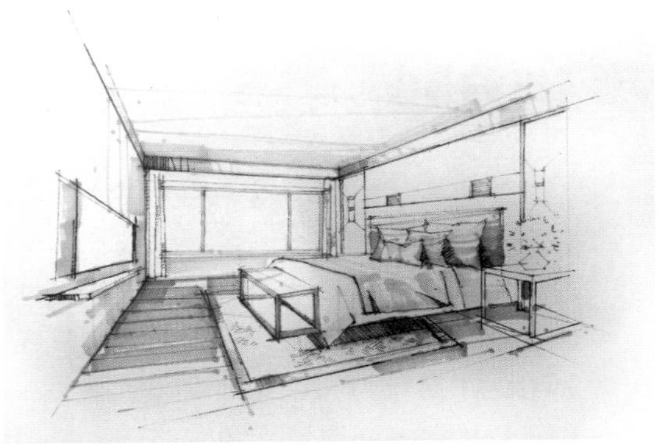

图 3-27　卧室表现案例二步骤 2/ 温宏岩

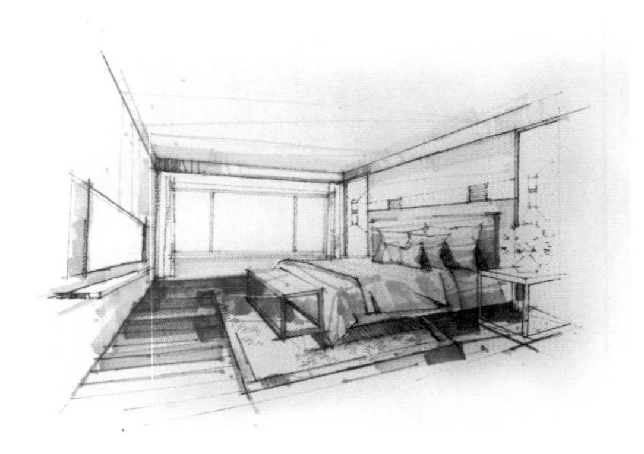

图 3-28　卧室表现案例二步骤 3/ 温宏岩

图 3-29　卧室表现案例二步骤 4/ 温宏岩

任务三　餐厅空间线稿与色彩手绘表现

任务描述：以家居餐厅空间表现为主，绘制餐厅空间手绘效果图线稿，绘制餐厅空间马克笔上色步骤与效果图，掌握家居餐厅空间的设计要点，提高手绘表现能力。

一、餐厅功能分析与表现要点

随着人们生活水平的提高，餐厅不仅仅是一个单纯的就餐环境，它也日益成为家居中重要的活动场所。一个优秀的餐厅设计会给人带来舒适感。一些餐厅的设计是开敞式的，客厅、餐厅和厨房相互开敞连接。餐厅的色彩大多以明快为主，暖色系的搭配会给人带来温馨的感觉。

表现要点：正确表现透视关系、空间关系、材质与色彩表现，掌握餐厅的特点、功能及灯光设计。

二、餐厅空间线稿与色彩表现

1.一点透视的餐厅线稿与着色

① 起稿阶段可借助直尺画出餐厅的空间线稿。确定视平线高度，确定消失点，注意透视关系准确和空间尺度的把握（图3-30）。

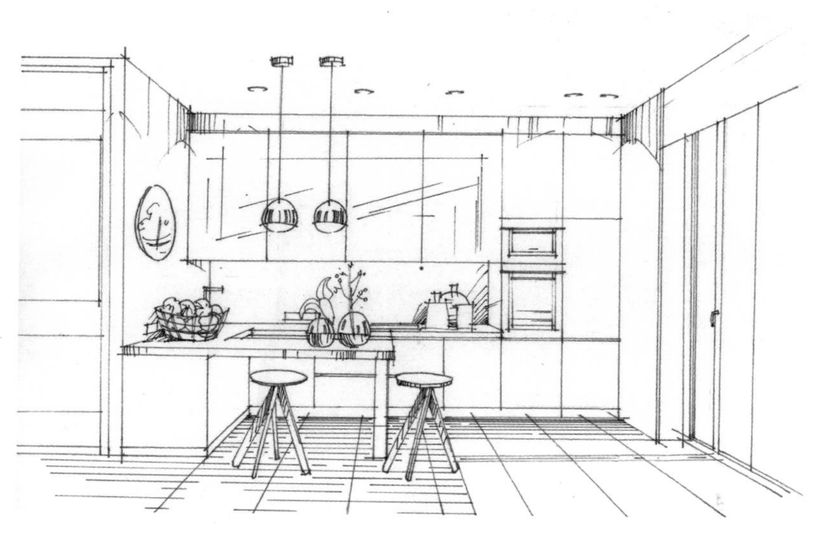

图3-30 餐厅手绘效果图步骤1

② 画出天花板和主体橱柜的色彩。天花板用冷灰CG2画出，以摆笔为主。画出橱柜的黄色和墙壁的蓝色，注意色彩的对比关系（图3-31）。

图3-31 餐厅手绘效果图步骤2

③ 画出地板与深色柜体的颜色。注意留出地板亮色区域（图3-32）。

图 3-32　餐厅手绘效果图步骤 3

④ 画出其他细节。

⑤ 调整完成（图3-33）。

图 3-33　餐厅手绘效果图步骤 4

2. 餐厅空间两点透视线稿与着色

① 起稿阶段先用铅笔勾画出餐厅的空间透视图，注意透视关系准确和空间尺度的把握。起稿时首先确定视点高度，大约在1500mm处。在纸的两边分别找到两个消失点。绘制出左右墙面的位置。然后根据成角透视原理画出空间与主体结构，在铅笔稿的基础上进行线条勾画。对于主要的轮廓线、结构线与细节关系线条可以采用粗细不同的针管笔勾画（图3-34）。

② 用针管笔绘制出空间线稿。主要结构线与轮廓线用0.5的针管笔绘出。其它细节等处用0.1或0.2的笔绘出，如墙面大理石纹理处。用针管笔画出明暗关系，整体调整（图3-35）。

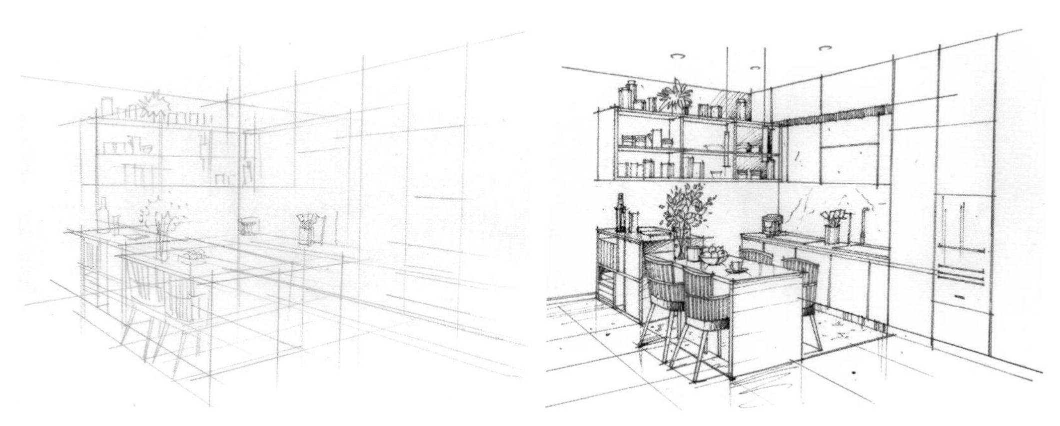

图 3-34　餐厅手绘效果图步骤 1

图 3-35　餐厅手绘效果图步骤 2

③ 餐厅初步着色。先将空间中物体的固有色画出来，确定餐厅大的色调关系（图3-36）。

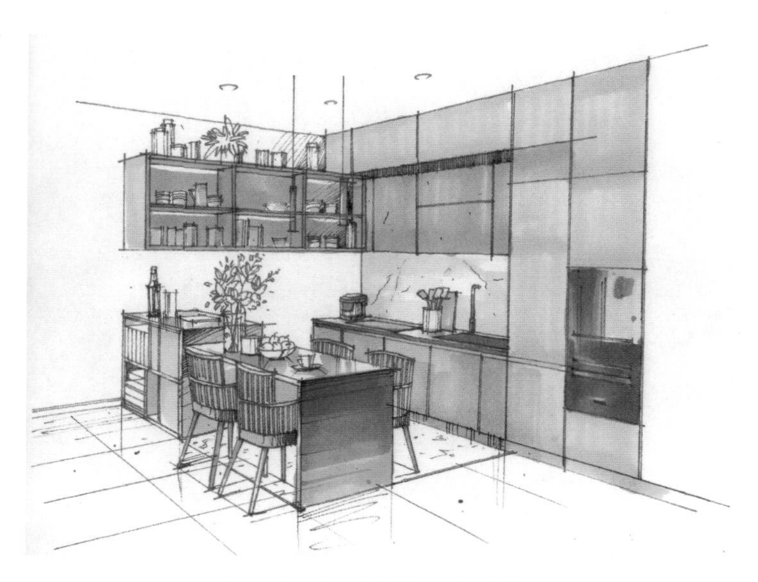

图 3-36　餐厅手绘效果图步骤 3

④ 色彩调整。比如，餐桌餐椅的材质以木质和金属为主，有较明显的色彩的冷暖变化（图3-37）。

图 3-37　餐厅手绘效果图步骤 4

⑤ 整理完成（图3-38）。

图 3-38　餐厅手绘效果图步骤 5/ 张春娥

3.餐厅图例分析

在描绘线稿时，要掌握厨房的类型、面积的利用、功能的设计。小的陈设物品表现可以增加生活气息（图3-39）。

图3-39　餐厅线稿

图3-40为徒手表现，画面轻松、生动。

图3-40　餐厅效果图/赵国斌

任务四　卫生间线稿与色彩手绘表现

任务描述：以卫生间空间表现为主，绘制卫生间空间手绘效果图线稿，绘制卫生间空间马克笔着色效果图。

一、卫生间功能分析与表现要点

卫生间是家庭生活卫生的专用空间。当代人们对卫生间及其卫生设施要求越来越高，卫生间设计成为住宅设计的重点之一。

在表现时要符合人体工程学相关知识，注意人体活动与卫生设备组合尺度，使设计表现更合理。

卫生间主材是石材，要注意观察表现材质的纹理特征。玻璃与镜面也是卫生间常见物体，要注意表现材质的反光与透光特点。掌握卫生间洁具的质感表现。

二、卫生间线稿与色彩表现

① 用铅笔画出卫生间的线稿。确定视平线与消失点；画出空间界面关系；画出主要物品。构图阶段注意透视关系，确定主体，注意各物体之间的比例关系（图3-41）。

② 用针管笔绘制线稿，注意交代清楚结构关系，注意配景与主体物体间的比重（图3-42）。

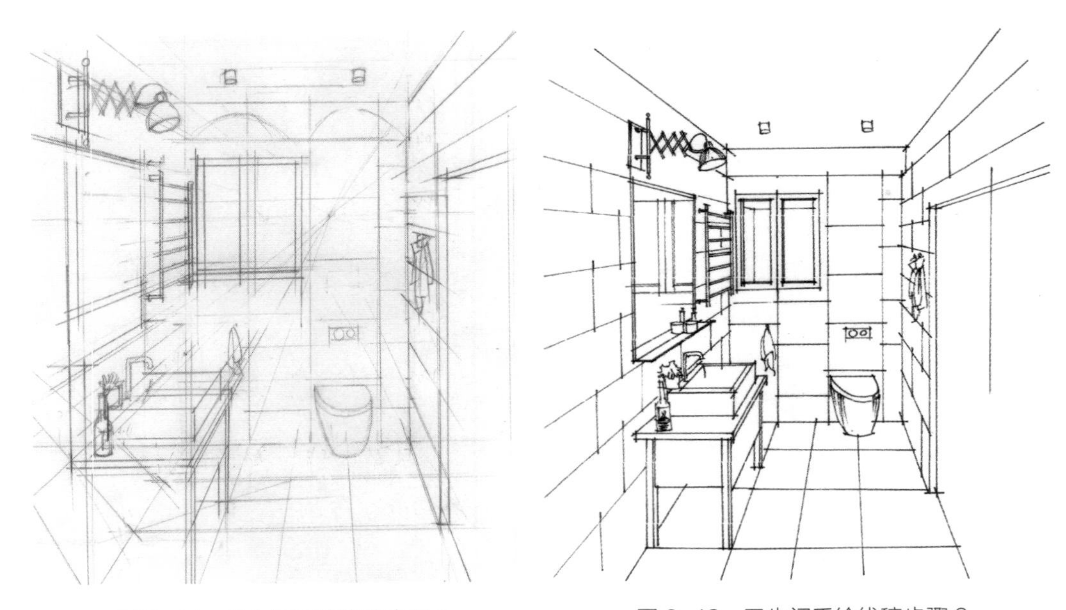

图 3-41　卫生间手绘线稿步骤 1　　图 3-42　卫生间手绘线稿步骤 2

③ 整理完成线稿后用马克笔初步着色。先画出天花板效果，接着画出地面与墙面的效果。马克笔上色快捷方便，注意空间色调关系（图3-43）。

④ 刻画出主体洁具、柜子。画出镜子的反光特点。画出细节配饰品。在深入时，可以和彩铅结合，用彩铅起到过渡和丰富画面关系的作用（图3-44）。

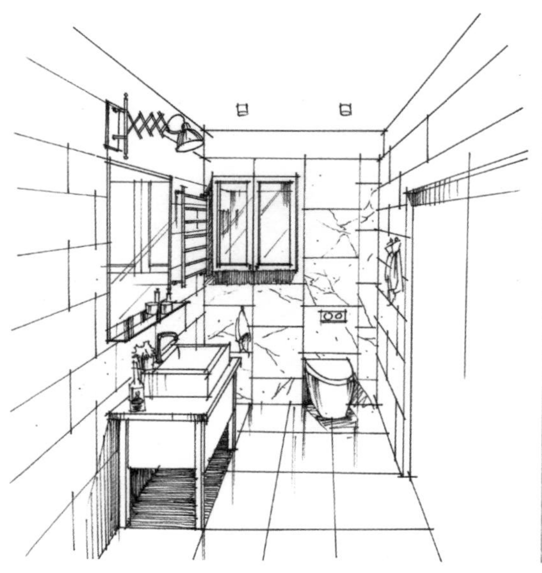

图 3-43　卫生间手绘线稿步骤 3

图 3-44　卫生间手绘线稿步骤 4

⑤ 深入局部，画面整体调整（图3-45）。

⑥ 调整完成（图3-46）。

图 3-45　卫生间手绘线稿步骤图局部

图 3-46　卫生间手绘效果图 / 张春娥

其他优秀范例如图3-47、图3-48所示。

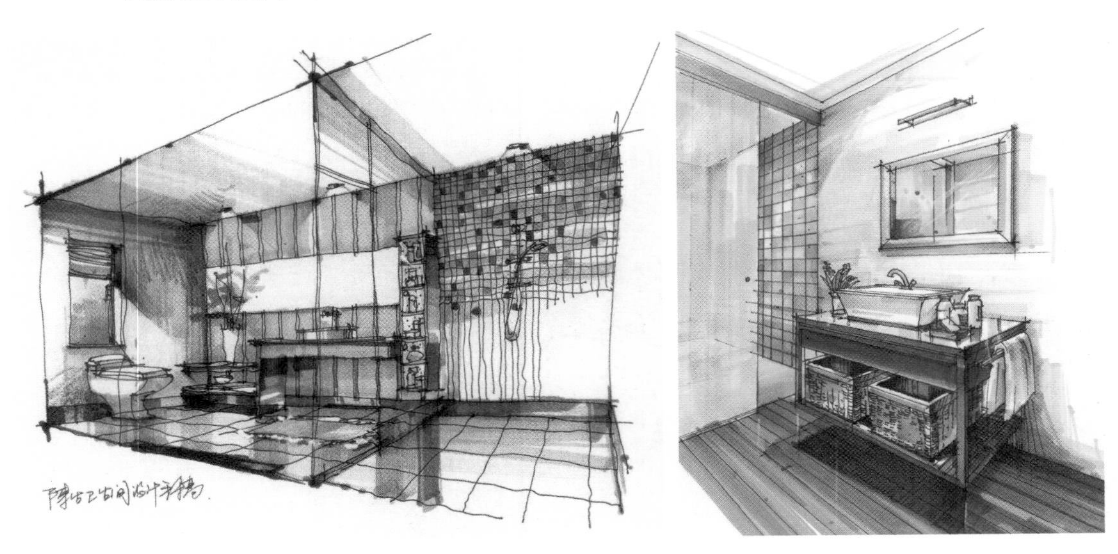

图 3-47　卫生间效果图 / 陈生

图 3-48　卫生间效果图

课后实践

课题训练内容：完成家居空间客厅、卧室、餐厅、卫生间表现作业各一张。

表现要求：线条生动，透视准确，空间与结构关系正确，色彩得当。

任务五　室内设计流程与手绘表现

任务描述：以实际案例项目进行教学，掌握设计流程，综合以往案例，考查学生设计与表达综合能力，掌握手绘表现在设计中的应用与表达。

一、平面图表现

1. 平面图的作用

室内设计中的平面图又称为平面布置图，是工程图纸中一个重要的部分。一般采用手绘表现和计算机辅助制图。

手绘平面图根据应用不同可以分为两种形式，一是徒手绘制平面图，在方案的构思与交流阶段常用（图3-49）；另一种是借助尺规手绘作图，主要用于设计展示（图3-50）。尺规画图较为工整、精细、严谨，能够作为室内设计的方案图。徒手表现的平面图更加灵活、便捷，在收集资料、现场勘察、方案设计初级阶段常常使用。平面布置图的绘制可以帮助我们合理规划、美化空间，方案的呈现可以让业主更好地理解设计的优缺点。手绘平面图还具有较强的实用性。在与客户的沟通中，客户看完方案想改动一些不满意的地方，设计师可以发挥徒手平面图的沟通优势，立即做出改动，对应客户需求也更加明确。

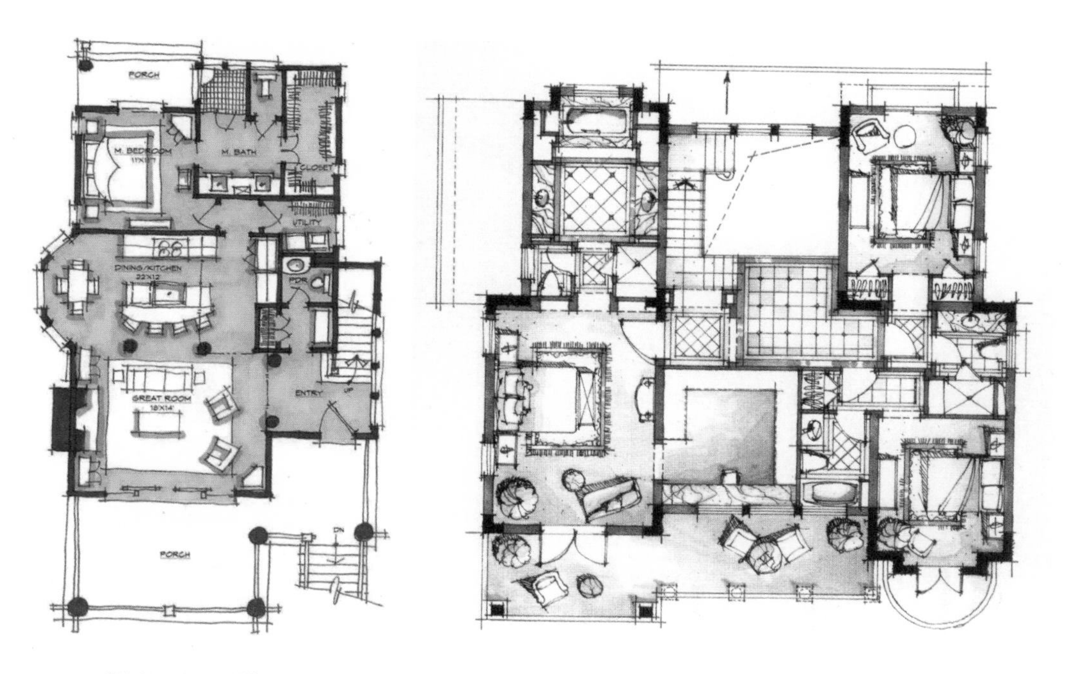

图3-49　手绘平面图

图3-50　尺规绘制平面图 / 赵杰

2.绘制平面图的技法及步骤

① 首先是平面布局的分析。分析功能分区和空间动线，家具电器的摆放位置、比例尺度，地面装饰手法等。平面图中要绘出家具家电等陈设品的水平投影，并按规定的图例符号绘制出来。平面的手绘其实是构思过程的体现，考虑空间划分，正确的比例关系很重要。家具等按一定的比例绘制，同时加上一定的投影关系。在比例准确的前提下进行深入与尺寸标注。

② 尺规平面图的表现。先在纸张上概括勾出平面图的大小，确定平面图的比例，用针管绘制外轮廓，勾出空间框架。可借助直尺和比例尺等辅助工具制图。在此基础上进行平面图的深化，画出家具及其细节、画出地面铺装等（图3-51、图3-52）。

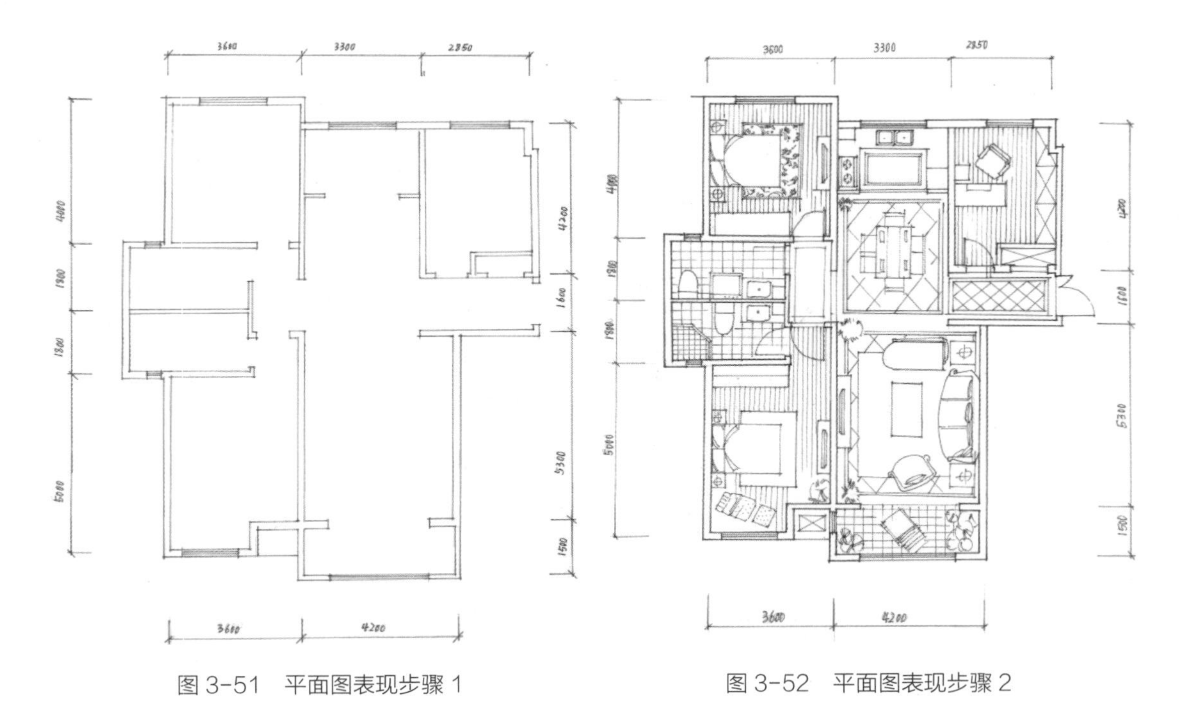

图 3-51　平面图表现步骤 1

图 3-52　平面图表现步骤 2

③ 墙体的厚度240mm，部分用120mm黑色上色（图3-53）。

④ 对平面布置图进行上色最简单的办法就是用马克笔将地面的部分平铺，注意光线来源的位置要留白。地砖的颜色要比家具浅些、灰些，地面的面积大，上色太重会显得空间很沉闷（图3-54）。

图 3-53　平面图表现步骤 3

图 3-54　平面图表现步骤 4

⑤ 地面材质的表现要注意地面颜色不要画得太满，重点刻画主体物周围，用以突出主体家具等。细节表现可以增强质感，画面的真实投影也要适当画出来，要根据光线来源为每一件家具添加投影。最后是标注尺寸、设计图名称、比例指北针、材质说明功能分区等，完成平面图绘制。在画好的平面图上标注该图纸的名称和比例，下划线上细下粗，指北针标注指明方向即可。尺寸标注中当尺寸线较密、地方太小不能标注数字时，可用折线引出来，数字标在折线上方（图3-55、图3-56）。

图 3-55　平面图表现局部

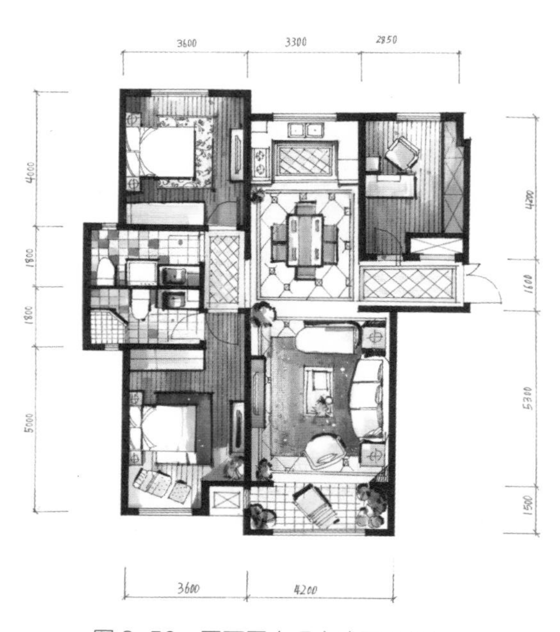

图 3-56　平面图表现完成图 / 张春娥

平面着色的重点：不要用色太多，不要过于艳丽；地面上色要用水平或垂直的笔触来绘制，并进行渐变处理，笔触干净利落。

3.平面图图例（图3-57、图3-58）

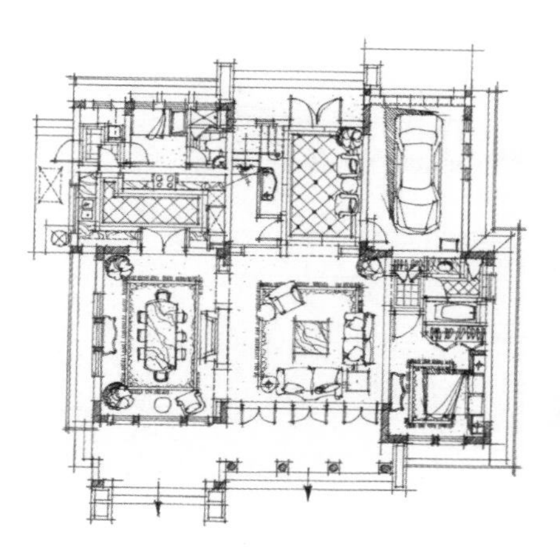

图 3-57　平面图表现 / 赵杰

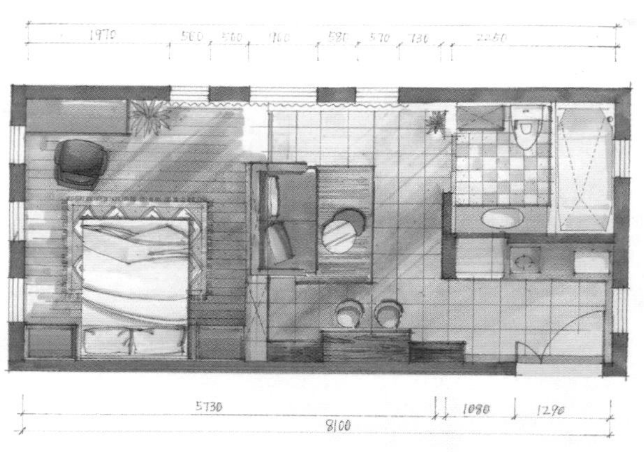

图 3-58　平面图表现 / 张春娥

二、室内设计与手绘方案表现项目实践操作流程

1.项目接单

以三居室户型居住空间设计案例来具体讲解。

（1）户型分析

这是一个三居室的居住空间，户型空间宽裕，可设置较多的分区，功能齐全。在设计时需要注意功能的完整性，尤其要关注甲方的精神需求。注重室内空间中的视觉效果，在空间中可追求配色的多样化，家具造型的精美复杂化，在设计风格上可倾向于新中式风格、后现代新古典风格等考究风格。在功能布局上，各空间的联系相对独立，可以适当留出一些缓冲空间，让整个空间看起来精致大气。

（2）业主分析

此案为林先生一家三口在北京购置的住所。林先生今年43岁，创业板独资企业老板，为人低调，喜欢爵士音乐和文艺电影，夫人为高等艺术院校舞蹈教师，女儿17岁主修大提琴，已申请到英国留学。

（3）量尺与彩屏（图3-59）

图3-59 平面彩屏

（4）草图绘制与设计意向沟通

在现场量房画出户型手绘草图后，设计师与客户进行面对面交流是非常必要的，可以展示一些意向图片，引导客户选择风格，并现场手绘一些草图小稿来记录下客户的一些零星想法，以及得到客户认可的一些设计思路。林先生一家经过再三斟酌讨论后，希

望设计师可以将新的创意和思维融入到新古典风格中去，而且特别指出的是，需要有一个独立的大书房，空间配色要多样且统一。

在详细了解到客户的意愿诉求，确定空间风格后，可先进行初步平面布局的推敲，对空间进行整体规划，主要是进行必要的拆改和重新划分功能分区。但具体到家具、设置等摆放时还需要做尺寸上的调整。从原始图纸上可以看出，该户型各个空间相对独立，没有多余墙体。将紧挨主卧的房间作为书房，满足主人私人书房的要求。初步的设计用手绘的方式可及时的与客户进行有效沟通，能最直接地得知客户对设计品质的需求，将使设计效率成倍提高。经过多次思路的整合和与客户不断讨论后，就可以进行准确、完整的平面布局草图方案的绘制了。

2.方案绘制

（1）平面图表现

用马克笔简单地将空间做一些颜色搭配，进行大的色块铺垫，表现出材料的本色，可用浅棕黄色马克笔平涂出地板，浅黄色表现地砖。也可将空间中所画出的内容，用文字标示出来，这样在和客户交流时，客户就能够直观地看到整个空间的配色和布局，以及一些基本的材料使用（图3-60）。

图 3-60　平面图 / 张春娥

（2）透视图表现

在平面图与立面图的基础上，可以开始进行空间效果图的表现了。我们就以客厅和卧室为例，研究一下如何进行手绘表现。客厅的线稿部分要表达清楚墙面、吊顶的造型，家具的摆放位置也要清晰用马克笔上色，可以先用灰色打底，区分基本的明暗关系。然后，可以从颜色较浅的部分开始具体着色。注意控制画面的整体色彩数量，做到和谐统一，不要过于花哨。电视背景墙区域要注意表现石材的不同装饰，色彩上注意冷暖搭配。接下来刻画暗部较重区域的颜色，做好色彩的过渡。之后需要对软装陈设进行塑造，重点放在较大陈设上，沙发的颜色不宜过于艳丽，可以用灰色打底，降低纯度。最后，在刻画细节的同时，可以再次加重暗部，注意远处隔断用重色把缝隙表现出来（图3-61、图3-62）。

图 3-61　客厅效果图 1/ 赵晶莎

图 3-62　客厅效果图 2/ 赵晶莎

卧室效果图一般场景比较小，可以着重表现立面墙体和顶面的造型，所以可以选择两点透视。处理线稿时，为了展示风格特点，可以将画面细节做深入刻画。马克笔上色时，尽量用暖色体现空间的温馨。可以先把整个卧室的基本色调平铺一遍，再进行画面层次的丰富，适当加深暗部的灰度色彩。床头、墙面和窗帘都选用黄色同色系，背景墙可以选择稳重的暖灰色系，实木地板可以用深棕色表现。最后，可以刻画一些细节，丰富画面效果，进而完成绘制（图3-63、图3-64）。

图 3-63　卧室效果图 1/ 赵晶莎

图 3-64　卧室效果图 2/ 赵晶莎

手绘在室内设计中可以说是贯穿了每一个环节的，从测量开始，到大的设计方向的构思，再到方案修改，设计效果的快速呈现，都会用到手绘，是设计师可以随时捕捉设计元素，表达灵感和设计意图的最好工具，所以，将来要从事室内设计工作的你，应该重视手绘课程的学习，应用它呈现你更好的设计。

课后实践

课题训练内容：完成室内空间草图、平面图与透视效果图表现作业。

表现要求：用线条结合尺度；透视正确；注重色彩虚实、环境概念。

THE HAND-DRAWING RENDERING OF INTERIOR DESIGN

室内设计手绘
效果图表现

第四单元
室内公共空间手绘表现

教学目的

通过本单元的学习，使学生能够掌握公共空间常见设计手法与表现形式。了解公共空间包括哪些类型、手绘要点；掌握公共空间线稿、材质等的表现手法。

重点

大空间的透视关系

难点

公共空间材质表现

公共空间（又称公众场所、公众地方、公共场所；英文为public space或public place）是一个不限于经济或社会条件（纵然实际情况未必如此），任何人都有权进入的地方；广义的公共空间是指相对于私密空间以外的所有场所，包括：办公室、餐厅、博物馆、医院、火车站……等居住空间以外的所有空间。所以真正意义上的公共空间，不在于其规模之大小，而在于其是否以人为本，服务于公众生活。

随着我国经济建设飞速发展与人们生活水平不断提高，高品质的公共空间受到追捧，甚至被网红打卡，这些都给公共空间设计创造提供了良好发展空间。本单元主要学习室内公共空间设计原则、方法、程序，从而进一步学习公共空间手绘表现技法。

任务一　办公空间手绘表现

任务描述：绘制办公空间手绘效果图，掌握办公空间设计要点、绘图表达方法。

一、办公空间的形成与发展

1919年，美国评论家Upton Sinclair提出“White collar”——白领的概念。19世纪末20世纪初出现了泰勒理论——强调秩序、阶级组织、监督及群众利益。这种科学管理把人视为生产线上的一颗螺丝钉。

近代真正意义上的办公建筑空间诞生在西方工业革命之后，新材料、新技术、新功能催生下产生了大量新型办公建筑。赖特为办公大楼设计的先驱（拉金大楼1904）。

当时间渐进现代，人们终于从迷失的机械、流水线、大生产中清醒过来，追求一种人性、个性和效率的结合，强调一种环境——人文环境（图4-1、图4-2）。

图4-1　Google伦敦办公室

图4-2　西班牙马德里谷歌办公室

二、办公空间的分类

1.从办公空间的业务性质进行分类

① 行政办公空间，即党政机关、民众团体及事业单位的办公空间。其特点是部门多，分工具体。单位形象的特点是严肃、认真、稳重。设计风格多以朴实、大方和实用为主，可适当体现时代感和开放理念。

② 商业办公空间，即企业和服务业单位的办公空间。办公室装饰风格往往带有行业性质，因商业经营要给顾客信心，所以其办公室装修注重能体现形象的风格。

③ 专业性办公空间，即为各专业单位的办公空间，如设计师的办公空间，装饰格调、家具布置与设施配备都应有时代感和新意，且能给顾客信心并充分体现自己的专业特点。

④ 综合性办公空间，即以办公空间为主，同时包含公寓、旅游、展览空间等。随着社会的发展，各种新概念的办公空间还在不断为迎合需要而产生。

2.现代办公空间的功能区

① 总经理办公室、财务部、经理室、技术部、人事部等私密办公区；

② 前台、接待区、茶水间、资料室、文印室等附属功能区；

③ 开放大办公区、洽谈室、休息区、市场部、走廊等开放区域。

三、办公空间的设计要素

1.工作环境设计要点

①开放办公区域有助于增进人与人之间的交流，建立良好的合作关系；②使用灵活多变的组合式办公家具；③根据人员配置及配套设施的功能需求及现场情况划分工作区域；④空间布局以增加空间利用为原则。

2.交流区设计要点

①开放办公区域宜设计小型半开放空间；②附属空间除满足自身功能需求外，也承担交流空间的职责。

3.交叉空间设计要点

交叉空间又称流动空间，指走廊、通道等非工作区域，即兴聚集地。①适当模糊通道与办公区的界限；②利用界面的设计形成一种“体验”，加强对室内环境的视觉感受。

4.色彩环境设计原则

①色彩在选用上注重共性，采用中性、简洁、明快的色彩搭配；②工业产品设计、视觉形象平面设计与室内环境相协调；③配合整体形象及文化特征（图4-3、图4-4）。

图 4-3　办公室色彩环境 1

图 4-4　办公室色彩环境 2

四、办公空间手绘表现技巧

对于设计的细节深入刻画，表达出设计的风格。透视景深可稍夸张处理，带给人强烈的空间感受。

五、办公空间手绘表现案例

会议室线稿步骤

1.办公空间设计元素应用与表达

案例："点•线"装饰公司办公室设计（设计者：杨浩、吴力）如图4-5 ~图4-10所示。

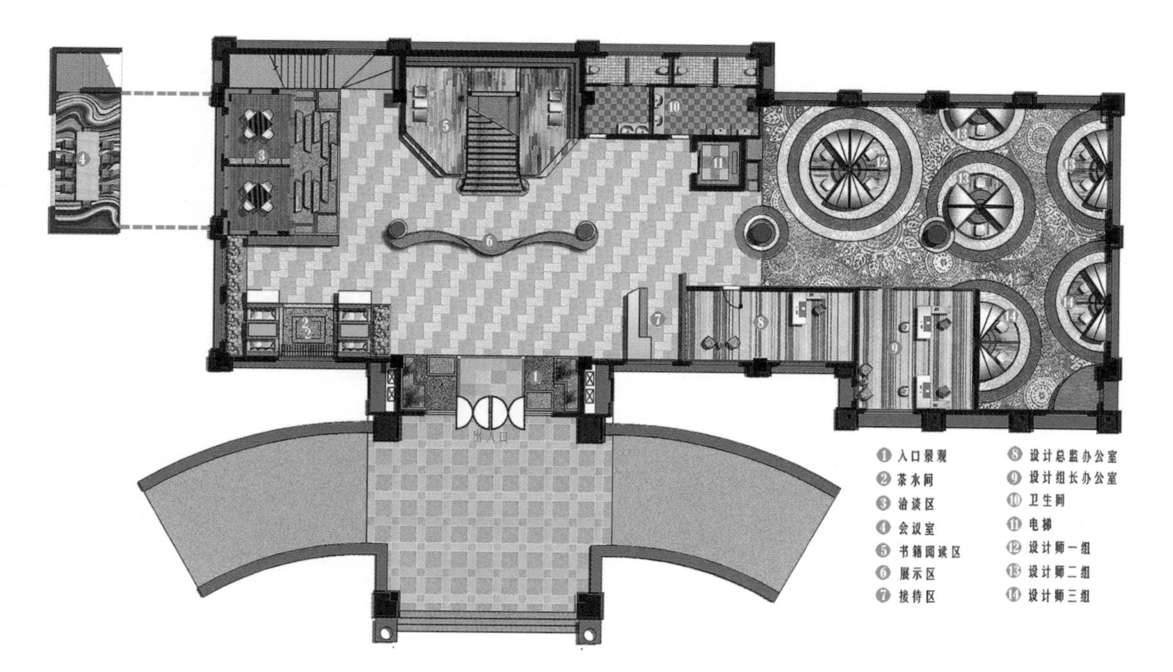

图 4-5　首层平面图

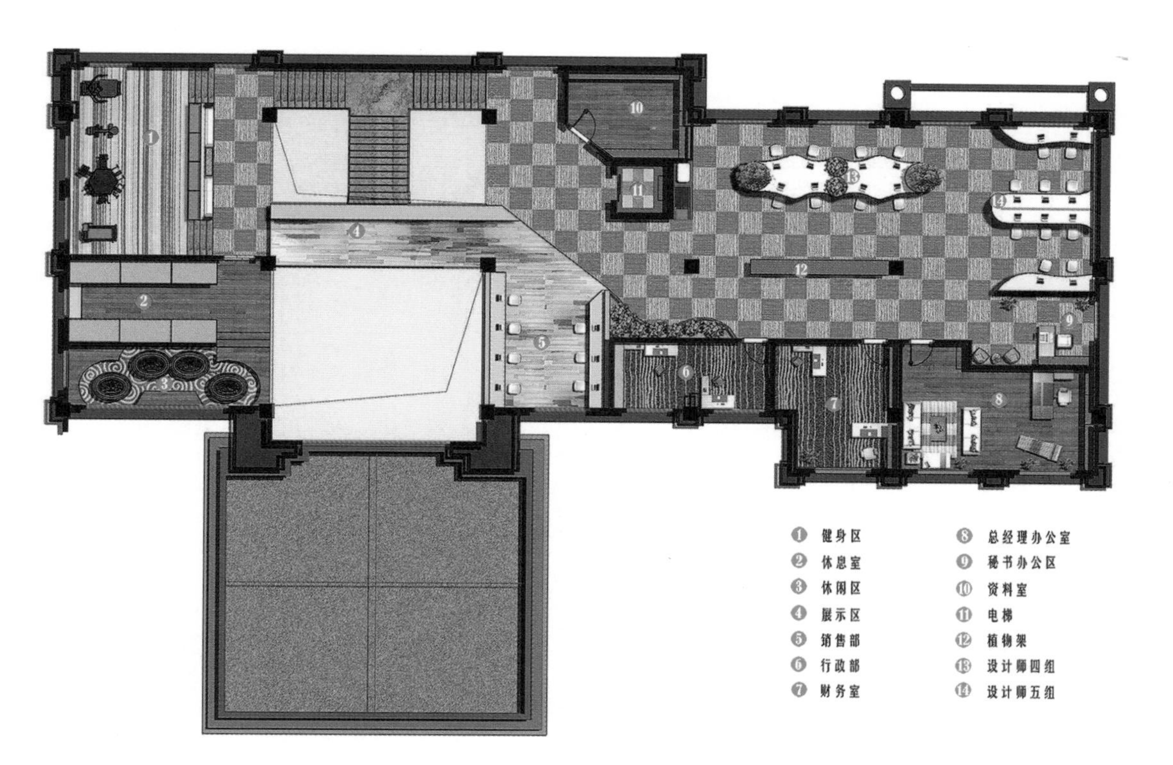

图 4-6　二层平面图

图 4-7　首层阅读区与洽谈区

图 4-8　首层办公区

图 4-9　总经理办公室

图 4-10　二层植物区

设计元素：本项目设计灵感来源于“点-线”组合，点是一个相对可以忽略的长度、面积、体积的形；线也是一个相对的概念，线是“宽度”可以忽略的面。本设计主要采取点和线组合的一种形式，达到对审美观中的一种需求，体现与自然相结合的不一样的新办公设计，主体为线、辅助为点，形成“点•线”设计师办公环境。

2. 手绘效果图案例（图4-11 ~图4-14）

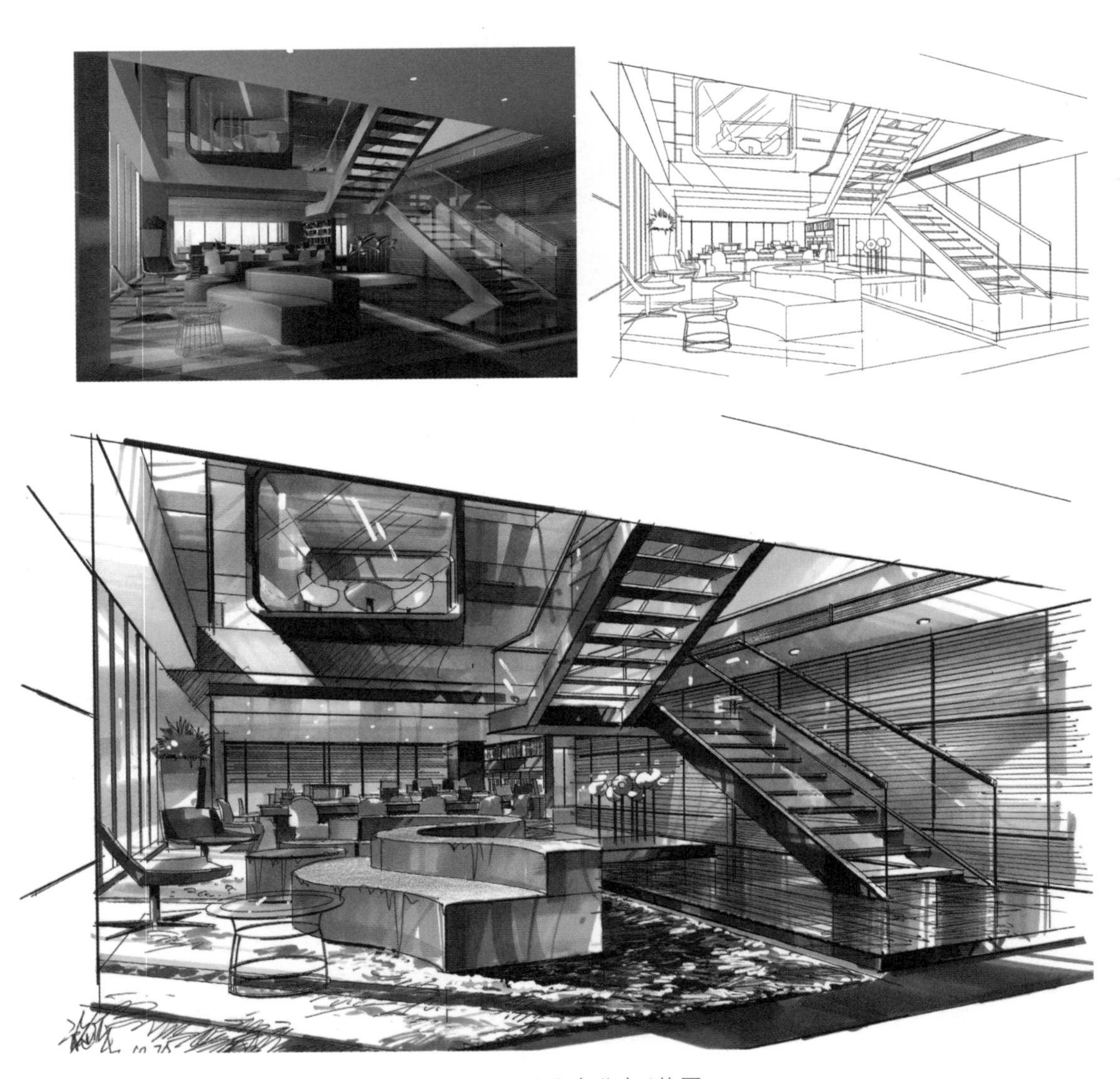

图 4-11　HBC 办公室 / 施平

图 4-12　HSSJ 办公室前台 / 施平

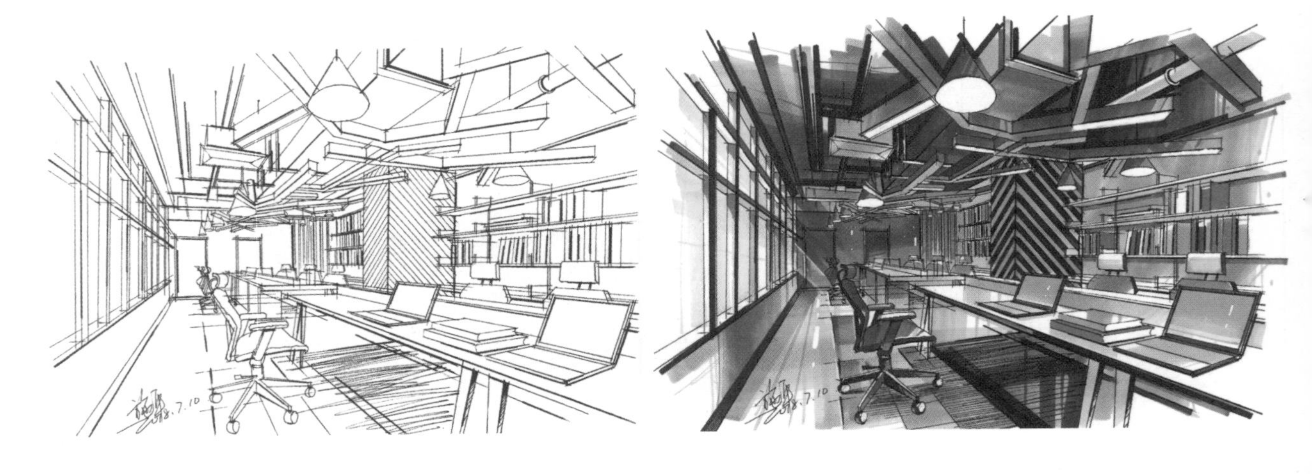

图 4-13　穆氏公司办公室办公区 / 施平

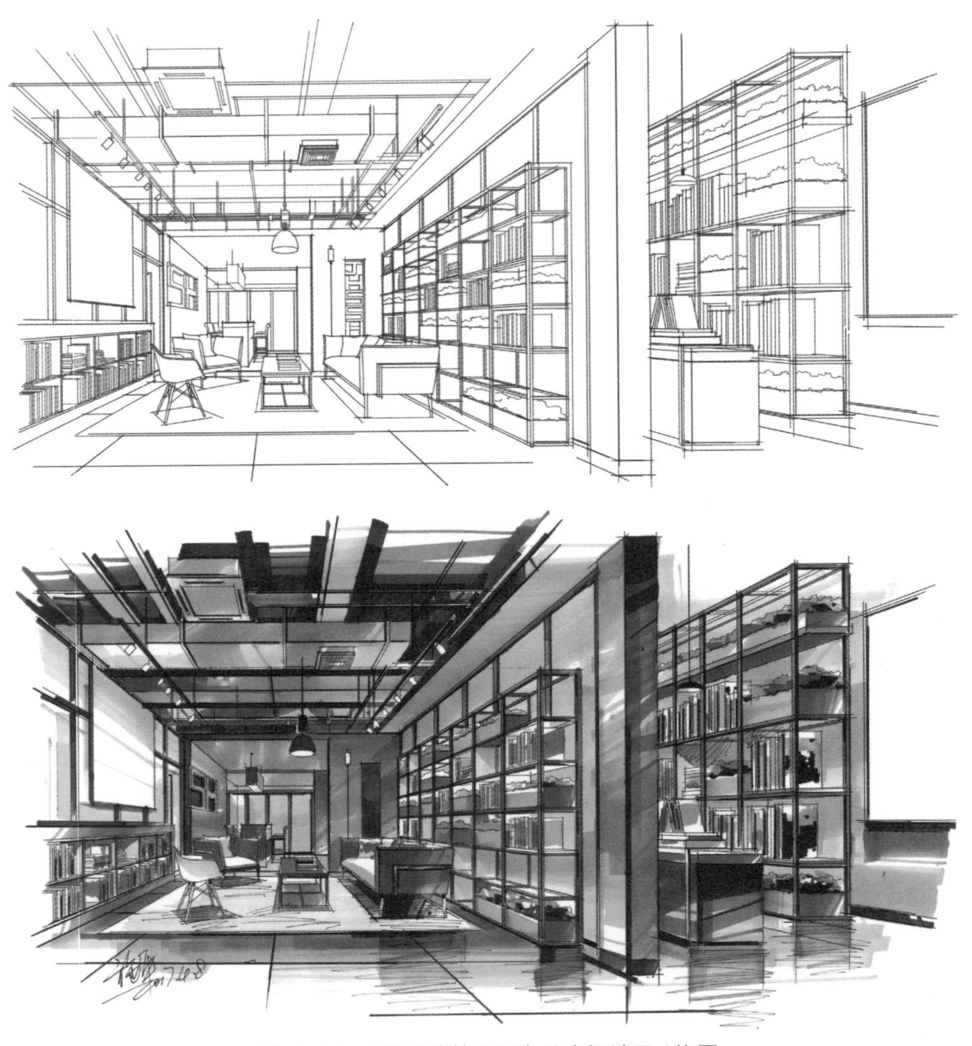

图 4-14　HOK 建筑公司办公室阅读区 / 施平

任务二　餐饮空间手绘表现

任务描述：绘制餐厅手绘效果图，掌握餐饮空间设计要点、绘图表达方法。

一、餐饮空间的概念

餐——餐厅、餐馆

饮——西式：酒吧、咖啡厅；中式：茶室、茶楼

餐饮空间的功能区一般包括：门厅、休息前厅、餐饮厅、包房、备餐间、卫生设施、厨房区、衣帽间等。

二、餐饮空间的分类

1. 按经营性质分类

①营业性质餐饮空间；②非营业性质餐饮空间。

2. 按规模大小分类（单位以平方米衡量）

①小型：100；②中型：100 ~ 500；③大型：500以上。

3. 按布置类型分类

①独立式单层空间；②独立式多层空间；③附建于多层或高层建筑；④附建于高层建筑的裙房部分。

4. 按经营内容分类

①中餐厅；②西餐厅；③宴会厅；④快餐厅；⑤风味餐厅；⑥酒吧与咖啡厅；⑦茶室。

三、餐饮空间手绘表现技巧

第一技巧：在主调控制得当的前提下，场景中出现有趣味的陈设品。

优点：场所性气氛渲染丰富。

第二技巧：场所性气氛渲染丰富、三大界面的色调区分明确有序。

四、餐饮空间手绘效果图案例

如图4-15 ~图4-17所示。

现代餐饮空间上色

图 4-15　新中式餐厅设计 / 施平

图 4-16　特色面馆 / 施平

图 4-17 西餐吧 / 施平

任务三 展示空间手绘表现

任务描述：绘制展示空间手绘效果图，掌握展厅设计要点、绘图表达方法。

一、展示空间的概念

展示是以高效传递信息和接受信息为宗旨，在限定的时间、空间和区域内，以展品为中心，利用一切科学技术及艺术手段调动人的生理，心理反应而创造宜人活动环境的行为。而空间既为展示提供物质场地，也作为物质媒介传递主题信息，促进与观众的精神交流。

二、展示空间分类

展示空间分为：博物馆、展览馆、博览会、产品展示厅、专卖店等，具体分类如下。

1.按展览动机与机能分类

①观赏型——各类美术作品展、珍宝展、民俗风情展等；②教育型——各类成就展、历史展、宣传展等；③推广型——各类科技、教育、新材料新工艺、新设计、新产品之成果展；④交易型——展销会、交易会、洽谈会、博览会。

2.按展览内容分类

①综合型；②专业型；③展览与会议结合型。

3.按展览手段分类

①实物展；②图片展；③样本展、花样展：④综合性展。

4. 按参展者地域分类

①地方展；②全国展；③地域性展；④国际博览

5. 按展览规模分类

①大型展览；②中型展览；③小型展览或微型展览。如讲标准，可分为国际级、国家级、省部级、地方级等。

6. 按展览时间分类

①固定的长期性陈列；②定期持续展出；③不定期展出。

三、展示空间手绘表现技巧

第一技巧：利用光线来烘托场景。

第二技巧：空间中完整而深入地表现出一个空间界面。

四、展示空间手绘效果图案例

商业空间上色

1. 展览馆设计方案构思、人流路线表达

案例："粤东侨博会"展览馆设计（作者：林锦聪）

如图4-18 ～图4-24所示。

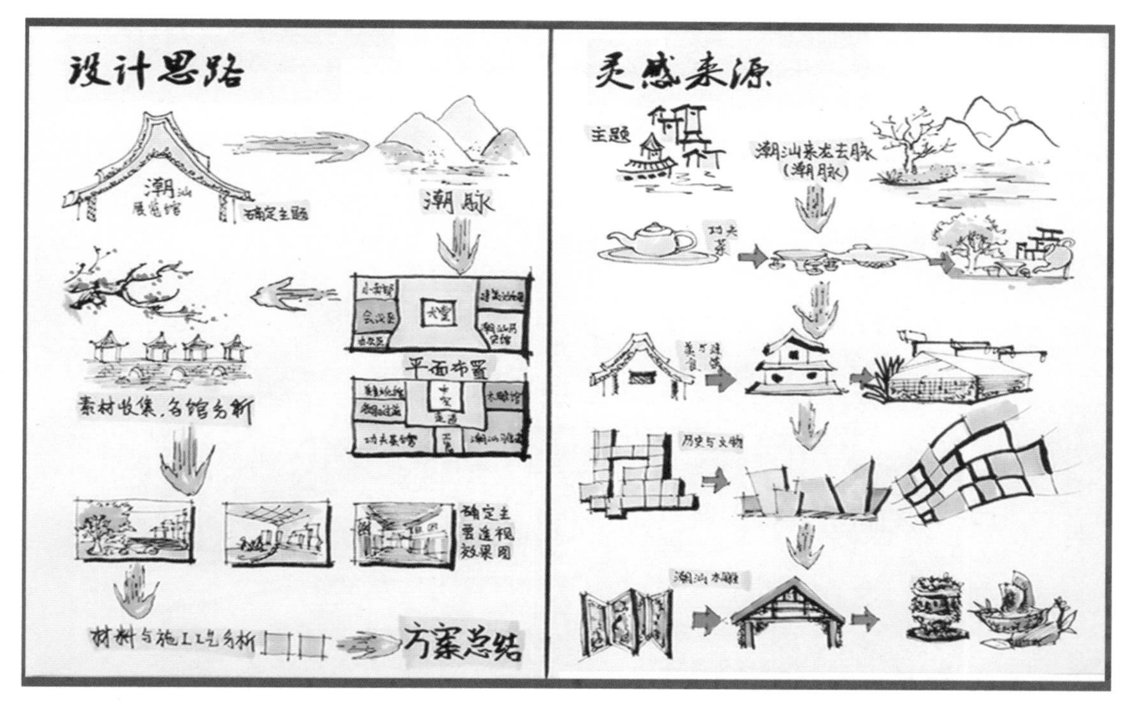

图 4-18　设计思路

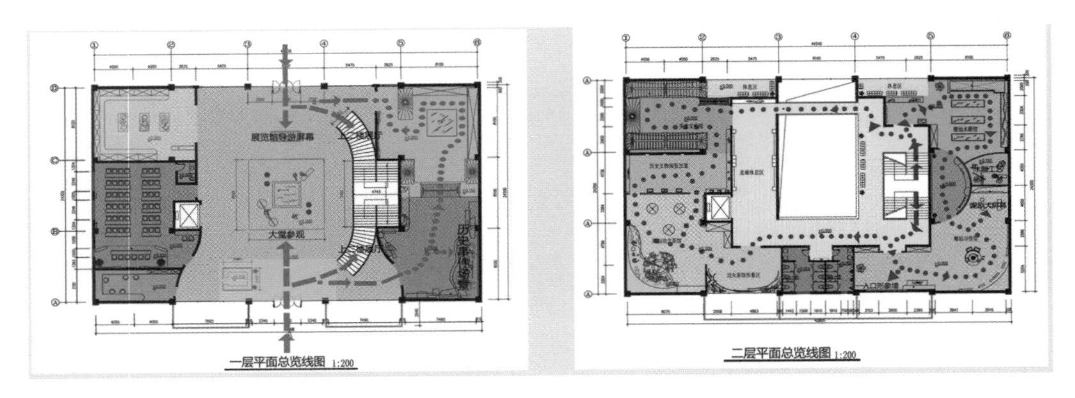

图 4-19　平面图

图 4-20　建筑外观

图 4-21　木雕馆

图 4-22　历史文化馆

图 4-23　美食文化馆

图 4-24　茶艺馆

2. 展览馆设计元素应用

案例：螺声——高跟鞋会展展厅设计（作者：钟秀敏16级环艺专业学生）

如图4-25 ~图4-28所示。

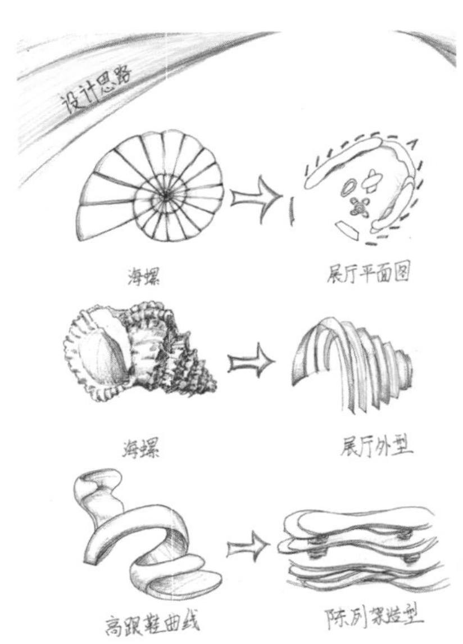

图 4-25　设计思路

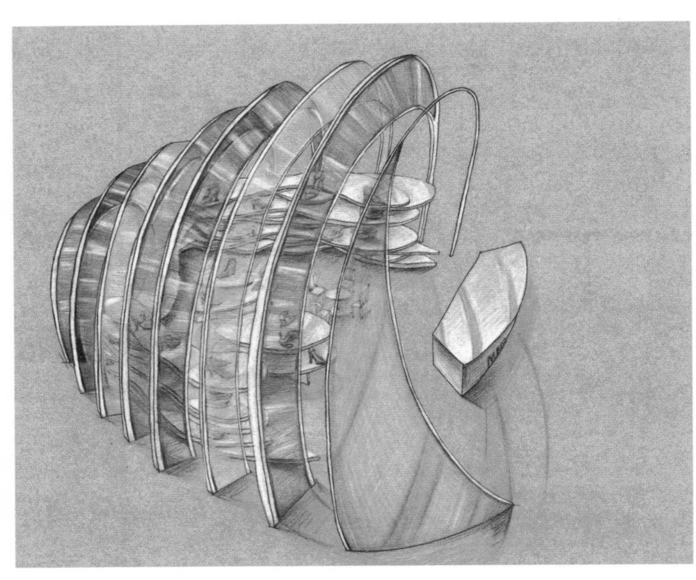

图 4-26　外观设计

图 4-27　内部展台

图 4-28　模型效果

3. 展厅手绘效果图（图4-29、图4-30）

图 4-29　珠宝展厅 / 施平

图 4-30　OPPO 手机展厅 / 施平

任务四　其它公共空间手绘表现

具体如图4-31 ~图4-36所示。

图 4-31　酒店空间 / 施平

图 4-32　议室 / 施平

图 4-33　SPA 美容院 / 施平

图 4-34　茶室 / 施平

图 4-35　甜品店 / 施平

图 4-36　早教中心 / 施平

课后实践

课题训练内容：完成60m^2左右展厅平面设计；
完成展厅透视效果图一张。
表现要求：现代材质手绘表达形象。

临摹范例

参考文献

[1] 庐山艺术特训营教研组. 室内设计手绘表现. 沈阳：辽宁科学技术出版社，2016.
[2] 吴卫光. 环境设计手绘表现技法——环境艺术设计专业标准教材. 上海：上海人民美术出版社，2017.
[3] 白易梅. 手绘效果图表现技法实训教程. 哈尔滨：哈尔滨工程大学出版社，2019.
[4] 李冬. 室内设计手绘表现技法. 南京：南京大学出版社，2016.
[5] 肖璇，夏高彦. 手绘表现技法. 北京：北京理工大学出版社，2015.
[6] 杜健，吕律谱. 室内手绘快速表现. 武汉：华中科技大学出版社，2013.
[7] 赵国斌. 室内设计——手绘效果图表现技法. 福州：福建美术出版社，2012.
[8] 陈红卫. 陈红卫设计手绘视频. 江西美术出版社，2011.
[9] 赵杰. 室内设计手绘效果图表现. 武汉：华中科技大学出版社，2011.